【智慧之禁果 治人之兵法 成功之操典】

素书

中国谋略第一书

黄石公◎著
李　慧　李彦舟◎释评

经济日报出版社

图书在版编目（CIP）数据

素书 /（汉）黄石公著；李慧，李彦舟释评 . -- 北京：经济日报出版社，2021.7（2023.03 重印）
ISBN 978-7-5196-0844-6

Ⅰ. ①素… Ⅱ. ①黄… ②李… ③李… Ⅲ. ①个人-修养-中国-古代②《素书》-注释③《素书》-译文
Ⅳ. ①B825

中国版本图书馆 CIP 数据核字（2021）第 124884 号

素书

作　　者	黄石公
释　　评	李　慧　李彦舟
责任编辑	张　莹
助理编辑	姜　楠
责任校对	薛银涛　梁沂滨
出版发行	经济日报出版社
地　　址	北京市西城区白纸坊东街 2 号 A 座综合楼 710（邮政编码：100054）
电　　话	010-63567684（总编室）
	010-63584556（财经编辑部）
	010-63567687（企业与企业家史编辑部）
	010-63567683（经济与管理学术编辑部）
	010-63538621　63567692（发行部）
网　　址	www.edpbook.com.cn
E-mail	edpbook@126.com
经　　销	全国新华书店
印　　刷	北京中科印刷有限公司
开　　本	710 mm×1000 mm　1/16
印　　张	13
字　　数	180 千字
版　　次	2021 年 10 月第 1 版
印　　次	2023 年 3 月第 5 次印刷
书　　号	ISBN 978-7-5196-0844-6
定　　价	49.00 元

前　言

世界上有没有这样一部书：普通人读了之后，就能干出一番惊天动地的事业来？有！那就是《素书》。

汉代的张良（字子房），原本是个只知快意恩仇的江湖人士，公元前 218 年，他组织一伙人在博浪沙（河南郑州东北）寻机刺杀秦始皇，但没有能成功，被迫亡命天涯。从这件事可以看得出，此时的张良有勇无谋，意气用事，并非是干大事业的人物。

然而，正当张良浪迹到下邳的时候，他意外遇到了一个老人，这就是黄石公。这位老人故意将鞋抛在桥下，让张良捡鞋又穿鞋，最后认定“孺子可教矣”，遂将一卷书传给了他，并告诉他：“读书则为王者师矣。”此书就是《素书》。

《素书》彻底改变了张良，使他从一介有勇无谋的莽夫，变成了一个足智多谋的王者之师。他帮助汉高祖刘邦开创了大汉王朝，化解了一个又一个政治、军事、经济的危难之局，在楚汉相争的复杂局面里，总能化险为夷。更为可贵的是，他凭借《素书》中的智慧，在功成名就之后，巧妙地跳出了权力之争的旋涡，洒脱安逸地安度了自己的晚年。难怪刘邦曾经评价说：“夫运筹帷幄之中，决胜千里之外，吾不如子房！”

从张良的成长历程中可以看出，《素书》确实包含着惊人的智慧，而且这种智慧的实用性、操作性都非常的强。无论什么人，只要他不是一个坏人，熟读此书并且灵活应用，都可以开创自己的事业。

那么《素书》究竟是本什么书呢?

《素书》原文并不长，仅仅有六章、一百三十二句、一千三百六十字，有点类似于后世的“语录”。但就是这样一本薄薄的书，却在中国谋略史上占有重要的地位。本书语言高度精练，几乎每一句都是名言，在总结历史经验的基础上，对人性的把握十分精准，对事物变化的规律观察入微，对人生谋略的指点恰到好处，常使人有种恍然大悟的感觉。

本书的作者名“黄石公”，是一位精通道家学说的大隐士，是一位大智者，除此书外，还著有号称中国三大兵书之一的《三略》一书。

中国有隐而不仕的传统，因而总有些神秘人物。然而，每当社会出现大动荡之时，他们就会以特殊的方式参与进来，创造出辉煌的事业。春秋战国时代有名的鬼谷子先生派出了五个学生——苏秦、张仪、孙膑、庞涓、尉缭，把天下诸侯玩得团团转，最后还是采用了张仪的策略，秦始皇才得以统一天下。还有隋唐之际的文中子王通，他以儒佛道三家通才的学养，讲学河汾，培训了一批开创盛唐的文臣武将，魏征、李靖、房玄龄等人都是他的学生。

黄石公也是这样一位人物。眼看秦末大乱，他将张良作为自己的传人，通过张良来达到亡秦兴汉的大业，而自己深藏不露躲在幕后，逍遥自在，具有典型的隐士风格。老子曾说“大象无形”“大言稀声”，黄石公正是这样的一个人物。

我们今天有幸能目睹这本人生谋略的奇书，还要感谢一个盗墓人。张良死后，这部书与他一同下葬，从此在人间消失了 500 多年。西晋时天下大乱，有人盗掘汉留侯张良之墓，在头下的玉枕中发现了此书。书上有条类似咒语的秘诫：“此书不许传与不道、不神、不圣、不贤之人，如果所传非人。必将受其殃祸；如果有合适人而不传者，也必定要受其殃祸。”从此，《素书》流传于世，清代修四库全书时，将之纳入其中。

“素”的本意是指一种纯白色的绢，这里形容纯洁、干净、朴素、简单的做人道理。书中认为，人生尽管有跌宕起伏、成败荣辱，但做人的道理并不复杂，只有五个字：道、德、仁、义、礼。不管任何人，成败之际，全在对这五个字的把握上。所以《素书》说：“夫欲为人之本，不可无一焉。”

《素书》的校勘，是以《百子全书》为底本，参照《四库全书》并加上了宋代宰相张商英的注和清代王氏的点评。由于《素书》的文字并不深奥，所以本书重点放在“释评”上，文中参考了台湾南怀瑾先生《历史的经验》一书中的一些事例对原文进行补充和说明。

李慧

目录

《素书》原序

（宋）张商英

素書序

宋張商英天覺註

明臧懋循晉叔閱

黄石公素書六編。按前漢列傳。黄石公圯橋所授子房素書。世人多以三畧爲是葢傳之者誤也。晉亂有盜發子房塚於玉枕中獲此書。凡一千三百言上有秘誡。不許傳於不神不聖之人。若非其人必受其殃。得人不傳亦受其殃。嗚呼。

《黄石公素书》六篇，按《前汉列传》黄石公圯桥所授子房《素书》，世人多以“三略”为是，盖传之者误也。

【译文】秦人黄石公的《素书》共有六篇，依据《前汉列传》所记载，当年黄石公在圯桥将此书传给张良。后世的许多人认为，此《素书》来源于黄石公另一部兵书《三略》，其实这是误传，《素书》与《三略》本是两书。

晋乱，有盗发子房冢，于玉枕中获此书。凡一千三百三十六言，上有秘戒：“不许传于不道、不神、不圣、不贤之人；若非其人，必受其殃；得人不丨传，亦受其殃。”呜呼！其慎重如此。

【译文】西晋时天下大乱，有人盗掘汉留侯张良之墓，在头下的玉枕中发现了此书，全书共有一千三百三十六字。书上有条类似咒语的秘戒：“不许将此书传与不道、不神、不圣、不贤之人；如果所传非人，必将受其殃祸；如果有合适人而不传者，也必定要受其殃祸。”可见当事人对其书的重视程度。

黄石公得子房而传之，子房不得其传而葬之。后五百余年而盗获之，自是《素书》始传于人间。然其传者，特黄石公之言耳，而公之意，其可以言尽哉。

【译文】旧史相传，黄石公见到张良后认为其才可造，所以将此书传给

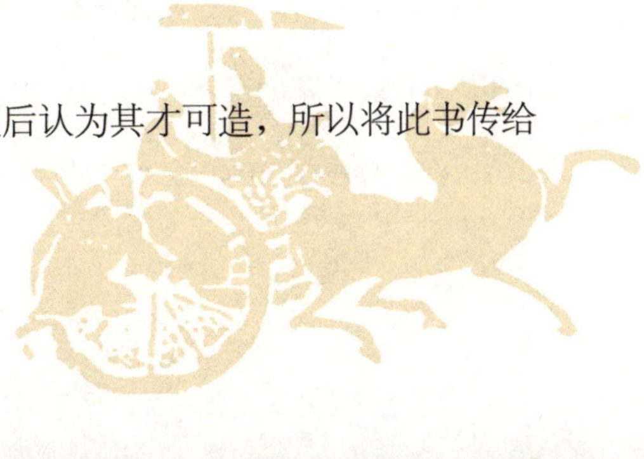

了张良。但张良一生也没有遇到合适的人传承此书，故而死后随葬墓中。又过了五百多年，西晋时有人盗发张良之墓，《素书》才开始在民间流传开来。然而，民间流传的仅仅是黄石公简略的语句，而此书的精深要义，不是那些“不道、不神、不圣、不贤之人”所能理解的。

余窃尝评之“‘天人之道，未尝不相为用，古之圣贤皆尽心焉。尧钦若昊天，舜齐七政，禹叙九畴，傅说陈天道，文王重八卦，周公设天地四时之言，又立三公以燮理阴阳。孔子欲无言，老聃建之以常无有。’《阴符经》曰：‘宇宙在乎手，万物生乎身。道至于此，则鬼神变化，皆不逃吾之术，而况于刑名度数之间者欤！’”

【译文】我认为，宇宙和人世并非各自独立，而是相互感应、相辅相成的，古代的圣人、贤哲们都能够心领神会，并尽心竭力地去顺天而行。比如说，帝尧十分恭敬地顺应上天的法则，就像敬畏上帝一样；舜遵循天道顺应人事，建立了七种重大的政治制度，为后人所效仿；大禹依据山川自然地理的实际情况，将天下划分为九州；傅说曾经向武丁讲述过天道运行的自然原则，才使商朝得以中兴；周文王将天道的规律与人间法则结合起来，才推演并发展了八卦；周公旦效法天地四时的规则，建立了春夏秋冬四官，同时设立太师、太傅、太保三公负责调和阴阳；孔子觉得天理人道太过奥妙，所以有不谈“怪力乱神”之说；老子却将其概括为“无”与“有”两个概念。

《阴符经》里说：“了然了宇宙自然运行的法则，领悟了万物一体的规律，达到了这样一个高度，自然物我同一，此刻天地之间，人世之内，万事万物的一切变化，统统藏于胸臆，任我主宰。更何况类似刑罚、名实、制度等这些不足挂齿的小事呢！”

黄石公，秦之隐君子也。其书简，其意深；虽尧、舜、禹、文、傅说、周公、孔、老，亦无以出此矣。

【译文】黄石公这个人，相传是秦朝时期的一位世外高人，是一位隐士。他传给张良的这部《素书》，十分简略，但其中包含的哲理却很深邃，即使是尧、舜、禹、文王、傅说、周公、孔子、老子也无法超过。

然则，黄石公知秦之将亡，汉之将兴，故以此《书》授子房。而子房者，岂能尽知其《书》哉！凡子房之所以为子房者，仅能用其一二耳。

【译文】黄石公知道秦朝将要灭亡汉朝将要兴起，所以他选择张良作为学生，将此书传给了他。然而，张良虽然不负重托，运用此书的智慧帮助刘邦完成了灭秦兴汉的大业，但也不能说他完全领会了书中的奥妙。张良做出了这么大的事业，功成名就，其实只不过用了书中十分之一二的智慧而已。

《书》曰：“阴计外泄者败。”子房用之，尝劝高帝王韩信矣；《书》曰：“小怨不赦，大怨必生。”子房用之，尝劝高帝侯雍齿矣；《书》曰：“决策于不仁者险。”子房用之，尝劝高帝罢封六国矣；《书》曰：“设变致权，所以解结。”子房用之。尝致四皓而立惠帝矣；《书》曰：“吉莫吉于知足。”子房用之，尝择留自封矣；《书》曰：“绝嗜禁欲，所以除累。”子房用之，尝弃人间事，从赤松子游矣。

【译文】《素书》里说：“阴计外泄者败。”当年韩信攻下齐国之地，仗着自己兵强马壮，要求刘邦封他为齐王。刘邦很是恼火，当着信使的面正要发作，是张良阻止了他。因为张良知道，此时正值用人之际，刘邦绝不能得罪韩信。于是暗示刘邦可以答应韩信的要求，才使韩信尽心打败项羽。

《素书》里说：“小怨不赦，大怨必生。”汉朝初定天下之时，许多人因为没有得到及时的封赏而怨声载道，有些人甚至密谋造反。张良劝刘邦首先封赏了雍齿为什邡侯，此人与刘邦素来不和，成见很深。众人见刘邦封赏了雍齿，心想：连这种人都能封赏，那我就更不在话下了。从此众心大定，防止了一场内乱的发生。

《素书》里说：“决策于不仁者险。”当年刘邦被项羽围困在荥阳的时候，刘邦一筹莫展，恰好有个谋士叫郦食其，他建议刘邦分封被秦灭掉的六国后代，争取这些人的拥戴。刘邦也是病急乱投医，没有多想就答应了。但张良知道，重封六国后代是重新回到战国混乱时代的开始，是违背历史趋势的。于是说服刘邦，把已经赶制好的印信全部收回。

《素书》里说：“设变致权，所以解结。”刘邦登基称帝后，立长子刘盈为太子，封次子如意为赵王。后来，见刘盈天生懦弱，才华平庸，而次子如意却聪明过人，才学出众，有意废刘盈而立如意。刘盈的母亲吕后闻听后，非常着急。张良给吕后出了主意，让她请当时隐居在商山中的四位隐士出面劝说。刘邦最终打消了改立太子的念头，刘盈后来继位，为汉惠帝。

《素书》里说："吉莫吉于知足。"汉定天下，刘邦论功行赏，让张良自己从齐国选择三万户作为封邑。张良却知道位高权重的危险性，所以他坚决推辞不接受，只愿受封留县，史称其为留侯。

《素书》里说："绝嗜禁欲，所以除累。"张良功成名就后，采用了这一明哲保身的原则，多数时间称病不出，远离一切是非，几乎抛弃了一切荣华富贵，逍遥自在地度过了一生。这才是人生的大智慧啊！

嗟乎！遗粕弃滓，犹足以亡秦，项而帝沛公，况纯而用之，深而造之者乎！

【译文】张良只是运用了《素书》中一些微不足道的智慧，就能够推翻秦王朝，打败楚霸王项羽，辅佐刘邦统一了天下，建立了大汉王朝。如果有人能完全领会书中的精华奥义，并且灵活加以应用，那将能创造多么巨大的丰功伟绩啊！

自汉以来，章句文词之学炽，而知道之士极少。如诸葛亮、王猛、房乔、裴度等辈，虽号为一时贤相，至于先王大道，曾未足以知仿佛。此《书》

所以不传于不道、不神、不圣、不贤之人也。

【译文】自从汉朝建立政权以后，社会上诗词歌赋等文章很是兴盛，但是能够真正认识宇宙大道的，却是寥寥无几。三国时的诸葛亮、十六国时的王猛、初唐的房玄龄、唐宪宗时的裴度等名臣，虽然被后世之人称作一时贤相、能臣，但他们对于道为何物，连皮毛也没有摸到，更别说领会了。这就是本书不传“不道、不神、不圣、不贤”的缘故，世上可造之才太少了。

离有离无之谓“道”，非有非无之谓“神”，有而无之之谓“圣”，无而有之之谓“贤”。非此四者，虽口诵此《书》，亦不能身行之矣。

【译文】道的把握，存乎一心。恍恍惚惚有其“道”，似有非有即为“神”。证道而又离道者，即道即心，就是“圣人”；无果而欲证者，无道有心，就是“贤人”。不是这四类人，即使得到了《素书》，倒背如流，也不能在实际中真正应用。

《素书》白文

素書目錄

素書目錄

原始章第一

夫道、德、仁、义、礼，五者一体也。

道者，人之所蹈，使万物不知其所由。德者，人之所得，使万物各得其所欲。仁者，人之所亲，有慈惠恻隐之心，以遂其生成。义者，人之所宜，赏善罚恶，以立功立事。礼者，人之所履，夙兴夜寐，以成人伦之序。

夫欲为人之本，不可无一焉。

贤人君子，明于盛衰之道，通乎成败之数；审乎治乱之势，达乎去就之理。故潜居抱道以待其时。若时至而行，则能极人臣之位；得机而动，则能成绝代之功。如其不遇，没身而已。是以其道足高，而明重于后代。

正道章第二

德足以怀远，信足以一异，义足以得众。才足以鉴古，明足以照下，此人之俊也。

行足以为仪表，智足以决嫌疑。信可以使守约，廉可以使分财，此人之豪也。

守职而不废，处义而不回，见嫌而不苟免，见利而不苟得，此人之杰也。

求人之志章第三

绝嗜禁欲，所以除累；抑非损恶，所以禳过。贬酒阙色，所以无污；避嫌远疑，所以不误。博学切问，所以广知；高行微言，所以修身。恭俭谦约，所以自守；深计远虑，所以不穷。亲仁友直，所以扶颠；近恕笃行，所以接人；任材使能，所以济物；瘅恶斥谗，所以止乱；推古验今，所以不惑；先揆后度，所以应卒。设变致权，所以解结；括囊顺会，所以无咎。橛橛梗梗，所以立功；孜孜淑淑，所以保终。

本德宗道章第四

夫志心笃行之术，长莫长于博谋，安莫安于忍辱；先莫先于修德，乐莫乐于好善，神莫神于至诚，明莫明于体物，吉莫吉于知足。苦莫苦于多愿，悲莫悲于精散，病莫病于无常，短莫短于苟得，幽莫幽于贪鄙，孤莫孤于自恃，危莫危于任疑，败莫败于多私。

遵义章第五

以明示下者暗，有过不知者蔽，迷而不返者惑，以言取怨者祸。令与心乖者废，后令谬前者毁。怒而无威者犯，好众辱人者殃；戮辱所任者危，慢其所敬者凶。

貌合心离者孤，亲谗远忠者亡。近色远贤者昏，女谒公行者乱，私人以官者浮。凌下取胜者侵，名不胜实者耗。

略己而责人者不治，自厚而薄人者弃废。以过弃功者损，群下外异者沦，既用不任者疏。行赏吝色者沮，多许少与者怨，既迎而拒者乖。

薄施厚望者不报，贵而忘贱者不久，念旧而弃新功者凶。用人不得天者殆，强用人者不畜，为人择官者乱，失其所强者弱。决策于不仁者险，阴计外泄者败，厚敛薄施者凋。战士贫游士富者衰。货赂公行者昧。

闻善忽略，记过不忘者暴。所任不可信，所信不可任者浊。牧人以德者集，绳人以刑者散。小功不赏，则大功不立；小怨不赦，则大怨必生。赏不服人，罚不甘心者叛。赏及无功，罚及无罪者酷。听谗而美，闻谏而仇者亡。能有其有者安，贪人之有者残。

安礼章第六

怨在不舍小过，患在不豫定谋。福在积善，祸在积恶。饥在贱农，寒在惰织。安在得人，危在失士；富在迎来，贫在弃时。

上无常躁，下多疑心；轻上生罪，侮下无亲。近臣不重，远臣轻之。自疑不信人，自信不疑人；枉士无正友，曲上无直下。危国无贤人，乱政无善人。

爱人深者求贤急，乐得贤者养人厚；国将霸者士皆归，邦将亡者贤先避。地薄者，大物不产；水浅者，大鱼不游；树秃者，大禽不栖；林疏者，大兽不居。山峭者崩，泽满者溢。

弃玉取石者盲，羊质虎皮者辱。衣不举领者倒，走不视地者颠。柱弱者屋坏，辅弱者国倾。足寒伤心，人怨伤国。山将崩者，下先隳；国将衰者，人先弊。根枯枝朽，人困国残。与覆车同轨者倾，与亡国同事者灭。见已往，慎将来；恶其迹者，预避之。

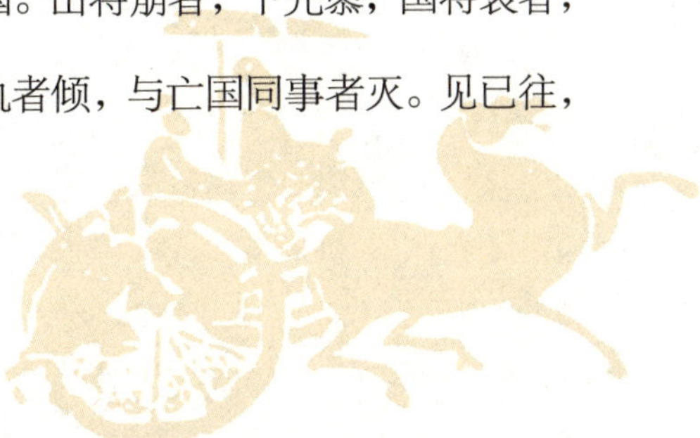

畏危者安，畏亡者存。夫人之所行：有道则吉，无道则凶。吉者百福所归，凶者百祸所攻；非其神圣，自然所钟。

务善策者，无恶事；无远虑者，有近忧。重可使守固，不可使临阵；贪可使攻取，不可使分阵；廉可使守主，不可使应机。王者各随其材而用之。同志相得，同仁相忧，同恶相党，同爱相求，同美相妒，同智相谋，同贵相害，同利相忌，同声相应，同气相感，同类相依，同义相亲，同难相济，同道相成，同艺相窥，同巧相胜，此乃数之所得，不可与理违。

释己以教人者逆，正己以化人者顺。逆者难从，顺者易行；难从则乱，易行则理。

详礼而行，理身、理家、理国，可也。

同治己巳重鐫

素書輯註

本宅藏板

《素书》解译

素書

素者符先天之脈合玄元之體在人則爲心在事則爲機寘而無象微而難窺秘密而不可測筆之於書天地之秘泄矣

穀城山人黃石公授
韓人張子房受
宋人張商英夸

原始章

道原於天賢人君子體道而行則盛衰成敗治亂去就間自無不當惟道重則行道亦重故窮達之際君子審焉

夫道德仁義禮五者一體也。道者人之所蹈，使萬物不知其所由。德者人之所得，使萬物各得

原始章

注曰：“道不可以无始。”

王氏曰：“原者，根。原始者，初始。章者，篇章。此章之内，先说道、德、仁、义、礼，此五者是为人之根本，立身成名的道理。”

【解译】人生在世，以什么作为根本？黄石公认为：天道、德行、仁爱、正义、礼制，即为做人、处世的根本所在。这五者也是中国人文思想的最高境界。人生成败荣辱，说到底就是对这五个字的把握。

【原典】 夫道、德、仁、义、礼，五者一体也。

注曰：“离而用之则有五，合而浑之则为一；一之所以贯五，五所以衍一。”

王氏曰：“此五件是教人正心、修身、齐家、治国、平天下的道理；若肯一件件依著行，乃立身、成名之根本。”

【解译】道、德、仁、义、礼，看似是五种不同的道德标准，但在指导做人上，是合而为一的，一个健全的人应该同时具备这五种美德，所以儒家说“立人之道，曰仁，曰义”。它是正心、修身、齐家、治国、平天下的根本所在，也是人生最大的谋略。

有些现代人对古代道、德、仁、义、礼这些精神因素不以为然，认为对今天的生活没有什么实际的意义。可是人们想过没有，为什么中华文化绵延五千年不绝？其实奥秘就在中国道、德、仁、义、礼的文化之中。

中华文化有一个显著的特点，那就是“自我激励、自我完善”，目的就是追求人生的不朽。于是儒家讲立德、立功、立言，民间讲祖宗崇拜，道家讲“长生久视”。那么什么才是不朽呢？简单地说，只要精神永存、圆满，即为不朽。

在中国人看来，“精神”并不是虚无的，而是某种有质有形的东西，具有超乎我们想象的能量。这种思想从儒家提倡“仁者无敌”，到今天“榜样的力量是无穷的”，一以贯之。如何才能获得这种能量呢？中国人又提出了以“内省”为主的自我修养，并将道、德、仁、义、礼五德作为日常修养的五个具体标准。

试想，如果一个民族的大多数人都在自觉追求精神的不断自我完善，那么这个民族肯定会在历史的长河中绵延长久。

【原典】《道者》人之所蹈，使万物不知其所由。

注曰：“道之衣被万物，广矣，大矣。一动息，一语默，一出处，一炊食。大而八荒之表，小而芒芥之内，何适而非道也？仁不足以名，故仁者见之谓之仁；智不足以尽，故智者见之谓之智；百姓不足以见，故日用而不知也。”

王氏曰：“天有昼夜，岁分四时。春和、夏热、秋凉、冬寒；日月往来，生长万物，是天理自然之道。容纳百川，不择净秽。春生、夏长、秋盛、冬衰，万物荣枯各得所宜，是地利自然之道。人生天、地、君、臣之义，父子之亲，夫妇之别，朋友之信，若能上顺天时，下察地利，成就万物，是人事自然之道也。”

【解译】所谓的道，就是人必须遵循的自然法则，它是宇宙天地、人类社会运行不竭的自然准则。“道”虽然支配着天地万物的生成变化，却很少有人能知道个中的缘由。

“道”是个外延无限大，内涵几乎等于零的概念。它简单到无法再简单，只有一个字；它又复杂到无法再复杂的程度，大到无极，小到微尘，甚至人的一呼一吸，一啄一饮，都在道之中。

具体来说，道又可分为天道、地道、人道。天有四时，风寒雨露，斗转星移，此为天道；百川归海，万物荣枯，此为地道；成败荣辱，长幼有序，夫妇之别，此为人道。

虽然“道”恍惚难明，但人要想成就一番事业，必须要尽力去揣摩它，《论语·里仁》中甚至说“朝闻道，夕死可矣”。意思是说：如果一个人早晨明白了宇宙的大道，那么晚上就死去也无遗憾。顺道者，事易成；逆道者，业无根。

【原典】德者，人之所得，使万物各得其所欲。

注曰：“有求之谓欲。欲而不得，非德之至也。求于规矩者，得方圆而已矣；求于权衡者，得轻重而已矣。求于德者，无所欲而不得。君臣父子得之，以为君臣父子；昆虫草木得之，以为昆虫草木。大得以成大，小得以成小。

迩之一身，远之万物，无所欲而不得也。”

王氏曰：“阴阳、寒暑运在四时，风雨顺序，润滋万物，是天之德也。天地草木各得所产，飞禽、走兽，各安其居；山川万物，各遂其性，是地之德也。讲明圣人经书，通晓古今事理。安居养性，正心修身，忠于君主，孝于父母，诚信于朋友，是人之德也。”

【解译】所谓德，就是指人在生活中的所得，从大的方面来讲，就是让世界万物顺应自然的安排而各得其所、各尽其能。

德字的本意就是“得”，即为得到、所得。那么怎么才能得到呢？首先人必须有要求、有欲望，只有内得于心，才能外得于物，只有想到，才能得到。所以“德”的核心是一个人内心的想法。当然，这个想法必须是正确的，它必须合乎“道”的规则，这样的人才会有求必应，大欲有大成，小欲有小功。如果不讲道与德，不顺应自然的法则，即便心机算尽，欲望终将落空。

德字从“彳”，就是行动的意思。人光有想法那是空想，要想“得到”就必须付诸行动。还是孔颖达说的明白：“在心为德，在施为行。”心中有德，并尽力行之，心动决定行动。所以德是做出来的，不作为就不会有德。

怎么做才会有德呢？说来也简单，就四个字：舍己为人。让别人有所得，才是真正的“德”。《易经》解释说“赞助天地之化育”即为德，人要像天地一样无私，让万物各得其所，让你周围的人各有所得，帮助你周围的人尽展其能，这就是“德”。看看中国古代提倡的德：忠、孝、仁、义、温良、恭敬……哪一样不是首先为了别人？

让别人得到好处，你就得到了“德”。

【原典】仁者，人之所亲，有慈惠恻隐之心，以遂其生成。

注曰：“仁之为体如天，天无不覆；如海，海无不容；如雨露，雨露无不润。慈惠恻隐，所以用仁者也。非亲于天下，而天下自亲之。无一夫不获其所，无一物不获其生。《书》曰：‘鸟、兽、鱼、鳖咸若。’《诗》曰：‘敦彼行苇，牛羊勿践履。’其仁之至也。”

王氏曰：“己所不欲，勿施于人。若行恩惠，人自相亲。责人之心责己，恕己之心恕人。能行义让，必无所争也。仁者，人之所亲，恤孤念寡，周急济困，是慈惠之心；人之苦楚，思与同忧；我之快乐，与人同乐，是恻隐之心。若知慈惠、恻隐之道，必不肯妨误人之生理，各遂艺业、营生、成家、富国之道。”

【解译】所谓的仁，就是亲爱，《说文》把仁解释为：“仁，亲也。”指的是人与人、人与万物之间相互亲爱的关系，有慈悲恻隐之心，以助万事万物都能遂其所愿，各有所成。

“仁”是儒家思想的核心，也是孔子学说的中心。但什么是仁呢？孔子自己就不统一，有许多种说法，比如“爱人”“己欲立而立人，己欲达而达人”等，如果通读孔子，那么“仁”的思想可以用一句通俗的话来表达：从自己做起，做好身边的事，先人后己。

从自己做起，首先要从心做起，要有一颗慈悲恻隐之心。世人总是将自己的忧伤、悲痛看得无限大，完全漠视别人的感受；如果有人能把别人的伤痛当作自己的伤痛，处处站在别人的角度考虑，时时能体会别人悲痛，那即是圣人，也是有佛家提倡的慈悲心的人。

可见仁爱必须从心做起，孟子曾说：“恻隐之心，仁也。”在出土的书简中，也有人将“仁”写作上面一个身，下面一个心，可见身心合一方为仁。当你用这样一颗心对待世界的时候，世界也会以同样的方式回报于你。记住：世界将会因你的关注而改变。

做好身边的事。儒家从来不空谈理论，它重视“身体力行”，因此孔子在讲什么是仁的时候，总是对一些具体的事、具体的人发出评论，比如说，孔子就认为花言巧语、巧言令色的人，基本上没有仁爱之心。同样，“执事敬”也是仁的一个重要标准。日本邮政大臣野田圣子，第一份工作是在东京帝国酒店洗厕所，但她立誓：就算一生洗厕所，也要做一名洗厕所最出色的人。结果她做到了，她将每一个厕所，洗的都和新的一样，“敬业”成就了她一生的辉煌。

我们具有了仁爱之心、做好了身边的事，究竟是为了什么呢？孔子给出了最终的答案：一切都为了他人！这也是中国人文的最高境界，而先人后已就成了“一切为他人”的唯一途径。仁爱之人，就是要将成全别人放在第一位，“已欲立而立人，已欲达而达人”，让周围的人都能快乐生活。

【原典】义者，人之所宜，赏善罚恶，以立功立事。

注曰：“理之所在，谓之义；顺理决断，所以行义。赏善罚恶，义之理也；立功立事，义之断也。”

王氏曰：“量宽容众，志广安人；弃金玉如粪土，爱贤善如思亲；常行谦下恭敬之心，是义者人之所宜道理。有功好人重赏，多人见之，也学行好；有罪歹人刑罚惩治，多人看见，不敢为非，便可以成功立事。”

【解译】合乎事理的行为就是义，指的就是人办事时要合时宜，处世要得体，让人感到舒服。如果再进一步引申，义就是人应该做的事。也就是说，“义”是一个为人处世的判断标准，符合这个标准的就是善，就应该得到奖励，而违背这个标准的就是恶，就要受到处罚。

孔子本人在处理这个“义”上就很灵活：

当年孔子游学列国的时候，曾经被围困在陈国和蔡国之间某个地方，整整十多天没有饭吃，有时连野菜汤也吃不上，真是饿极了。

学生子路看在眼里，心有不忍，于是跑出去偷来了一只煮熟的小猪。孔子也不问肉的来历，拿起来就吃；子路又抢了别人的衣服换来了酒，孔子也不问酒的来路，端起来就喝。可是，等到鲁哀公迎接他时，孔子却显出正人君子的风度，席子摆不正不坐，肉类割不正不吃。

子路实在搞不懂，于是便问：“先生现在为什么与在陈、蔡受困时不一样了呢？”

孔子的回答就很有意思："以前我那样做是为了偷生，今天我这样做是为了讲义呀！"

【原典】礼者，人之所履，夙兴夜寐，以成人伦之序。

注曰："礼，履也。朝夕之所履践而不失其序者，皆礼也。言、动、视、听，造次必于是，放、僻、邪、侈，从何而生乎？"

王氏曰："大抵事君、奉亲，必当进退；承应内外，尊卑须要谦让。恭敬侍奉之礼，昼夜勿怠，可成人伦之序。"

【解译】礼从大的方面说，就是一个国家的各项制度，从小的方面讲，就是做人处事的规矩和法则。我们每个人，从小到大，不论在家还是在外，都在自觉或者不自觉地践行着礼的规范，这样的社会才能井然有序，人际关系才能和谐融洽。

"礼"是中国儒家的基本精神，但孔子的时代已经离我们很远了，孔子所提倡的礼制也不适合当代社会，但今天我们依然要向孔子学习。

首先，要学习孔子之礼的精神：尊重别人，永远对周围的一切怀有敬畏之心。

世界上从来没有免费的午餐，要想得到别人的尊重，首先就要对别人报以尊重，而且必须是真诚的。如果你对别人有成见，即使伪装的再巧妙，也一定会被看穿。所以，真诚是一种成本最低的心状，绝不需要额外的掩饰；而且也是一种回报最高的投资，人生的许多机会都会因为真诚而不经意地落入你的手中。

其次，要学习孔子对待礼的态度：身体力行，绝不勉强。

孔子从一个普通的教书先生，发展成为“孔圣人”，绝不仅仅是因为孔子的学说。他有一个特点，就是说到做到。凡是他提倡的，他自己都要去做，从一言一行，从生活中的点点滴滴做起，并且他都做到了，这是相当不容易的。而我们周围的许多人，缺少的正是这一点，说一套、做一套，永远是个机会主义者。

孔子的言行一致，永远像一面镜子，照耀着后人的心灵。

【原典】夫欲为人之本，不可无一焉。

注曰：“老子曰：‘夫道而后德，失德而后仁；失仁而后义，失义而后礼。’失者，散也。道散而为德，德散而为仁；仁散而为义，义散而为礼。五者未尝不相为用，而要其不散者，道妙而已。老子言其体，故曰：‘礼者，忠信之薄而乱之首。’黄石公言其用，故曰：‘不可无一焉。’”

王氏曰：“道、德、仁、义、礼此五者是为人，合行好事；若要正心、修身、齐家、治国，不可无一焉。”

【解译】世界上最复杂、最难做到的事，就是如何做人，即怎么和别人打交道。因为人这种动物的内心极其不稳定，它既受自身躁动的影响，也极易受周围环境、社会文化的影响，无时无刻不处于变动当中。再加上人的创造能力、辐射能力非常强大，这就使人具备了相反的两重性，即不可小觑的创造能力与破坏能力并存。

如何约束和引导这种“不稳定的强大能力”就成了一切社会最紧要的问题，所以，不论在以前还是未来，政治永远是第一位的。

对于个人而言，人生最大的谋略也在这里：如何有效地发挥自己的能力达到目的？如何利用别人的能力达到自己的目的？而在这场游戏当中，如果没有规则，上述两个目的都达不到。那么什么是游戏的规则呢？或者换句话说，什么才是正确的游戏规则呢？

天道、德行、仁爱、正义、礼制，从另一个角度讲，就是这场游戏的规则。符合这些规则，或者只要守住其中的几项规则，你就可以一直玩下去，甚至成就一番事业也说不定；如果你连一项规则都不打算遵守，那这个社会肯定不带你玩，这无疑就是人生最大的失败。

【原典】贤人君子，明于盛衰之道，通乎成败之数；审乎治乱之势，达乎去就之理。

注曰：“盛衰有道，成败有数；治乱有势，去就有理。”

王氏曰：“君行仁道，信用忠良，其国昌盛，尽心而行；君若无道，不听良言，其国衰败，可以退隐闲居。若贪爱名禄，不知进退，必遭祸于身也。能审理、乱之势，行藏必以其道，若达去、就之理，进退必有其时。参详国家盛衰模样，君若圣明，肯听良言，虽无贤辅，其国可治；君不圣明，不纳良言，倖远贤能，其国难理。见可治，则就其国，竭立而行；若难理，则退其位，隐身闲居。有见识贤人，要省理、乱道理、去、就动静。”

【解译】那些社会上的贤人君子，他们之所以人生辉煌，是因为能够洞察事物兴盛、衰败的规律，能够把握成功、失败的定数，详查世事安定、纷乱的玄机，知道自己何时该仕、何时该隐的道理。

俗语说：“世事难料”，但许多事在成功或者失败以后再回头看，都是那样的简单，“马后炮”里也有真理。这其中，个人对事物的判断是至关重要的，黄石公用“明”“通”“审”“达”四个字来强调这种判断力。

凡事盛与衰都有其内在的原因，这就是“盛衰之道、成败之数”，聪明的人要明白其中的道理，顺势而为，定能成就事业。当时张瑞敏接手那个小工厂时，他知道工厂破烂的原因，不是因为产品没有市场，而是缺乏科学的管理。于是张瑞敏从管理入手，这个小厂很快就有了起色，并逐步发展成为家电行业的巨无霸——海尔。知道问题所在，找到合适的解决方法，永远是成功的秘诀。

同样，一流的眼光，决定一流的事业。想做一个成功的人，就必须要投身到一个有前途的事业当中。古代有一人到处学本领，立志当屠龙之士。可是天下本无龙，怎么能够成就他的事业呢？所以说，一流的事业是否适合你，也是一个问题，这就需要审时度势，一旦发现环境并不适合你发展，那就要“达乎去就之理”。

因此，世界上的每件事都有它自身的规律，所谓的成功人士就是顺应了这种规律，而不是他创造了某种规律。成功人士就像是登山者，事物的规律就像是上山的台阶。摸准了台阶，事半功倍；找不着台阶，只能从悬崖处攀登，结果事倍功半，或者一无所成。

有了台阶并不是万事大吉，你还要将自己的因素考虑进去，量力而行，量“度”而行。什么是“度”呢？就是恰到好处！本来你想烧水泡茶，结果烧过了劲，水早就变成了水蒸气，茶自然是喝不上了。登山者应该明白，哪里该逆势而上，哪里该顺势而下，哪里该回心转意……这就是“明”“通”“审”“达”的妙用。

【原典】故潜居抱道，以待其时。

注曰：“道犹舟也，时犹水也；有舟楫之利而无江河以行之，亦莫见其利涉也。”

王氏曰：“君不圣明，不能进诛、直言，其国衰败。事不能行其政，隐身闲居，躲避衰乱之亡；抱养道德，以待兴盛之时。”

【解译】有志向但没有机会的人该怎么办呢？潜居抱道，以等待时机。“潜居”并不是无所事事地混日子，而是要加紧自我修养，使自己具备达天道、有德行、明仁爱、守正义、通礼仪这些品德，然后才能见机而作，成就一番事业。

世人都被成功后的荣光刺花了眼，而看不到成功之前的寂寞与无奈。大凡成就一番事业的人，无不经过了长久的寂寞。成功者都熟悉寂寞，都珍惜寂寞，并在寂寞中执着地追求成功。耐得住寂寞，承载过无奈的人，才有可能收获成功。从这个意义上讲，“潜居抱道”本身就是一种成功。

【原典】若时至而行，则能极人臣之位；得机而动，则能成绝代之功；如其不遇，没身而已。

注曰：“养之有素，及时而动；机不容发，岂容拟议者哉？”

王氏曰：“君臣相遇，各有其时。若遇其时，言听事从；立功行正，必至人臣相位。如魏征初事李密之时，不遇明主，不遂其志，不能成名立事；遇唐太宗圣德之君，言听事从，身居相位，名香万古，此乃时至而成功。事理安危，明之得失；临时而动，遇机会而行。辅佐明君，必施恩布德；理治国事，当以恤军、爱民；其功足高，同于前代贤臣。不遇明君，隐迹埋名，守分闲居；若是强行谏诤，必伤其身。”

【解译】有充分心理准备的人，一旦风云际会，就能够乘势而上，开创一番大事业，实现治国、平天下的大愿。假如准备了一生而没有机会该怎么办呢？那也不吃亏呀，你只是没有成就事业而已，依然可以做一个道德高尚、受社会尊敬的人。

纵观历史上的成功人物就会发现，成功永远没有偶然，每一个成功者的背后，都有漫长的准备，其中主要是心灵的修炼。机会永远不找无准备之人。诸葛亮隐居隆中时，虽身在山野，却心系着天下，天下大事，早已了然于胸，这才有了“隆中对”。如果他只是尽心山水，玩花伺草，肯定没有后来的烽火三国。

有了准备并不能保证你一定成功，诸葛亮如果不是赶上当时的社会时局，他也就是“没身而已”。可见机遇、局势对于有志者的重要性。孟子曾说：“虽有智慧，不如乘势；虽有镃基，不如待时。”虽然有智慧，不如赶上一个好时机。虽然有一把子力气、有种田的锄头，那也不如等待风调雨顺的年景。

所以智者从不与天争，亦不与势抗，而是顺势而行。韩非子告诫人们说：“势者，胜众之资也。”审势是成功的必要条件，否则即使像尧舜这种圣人，如果不审势而行，则功不立，名不遂。唐魏征遇到了唐太宗，才能得个“诤臣”之号，如果遇到商纣王，或许也会像比干一样被掏心挖肺。

【原典】是以其道足高，而名重于后代。

注曰：“道高则名垂于后而重矣。”

王氏曰：“识时务、晓进退，远保全身，好名传于后世。”

【解译】只要道德高尚，无论穷与通，都会千古流芳，彪炳史册。

什么是成功？自古以来就没有一个统一的标准，现代人将名利双收、万人瞩目看作是成功的标志，未免将成功理解得过分狭隘。因为在传统的儒家看来，正心、修身、齐家、治国、平天下，都是一种成功。修得一颗平常遇事宠辱不惊的心，对个人来说就是一种成功；有一个和谐的家庭，上孝父母，下友子女，对家庭而言就是成功；与邻为善，乐于助人，对社区而言也是成功……没必要每个人都去追求大富大贵、轰轰烈烈。

只要我们有足够的道德，对他人有慈悲恻隐之心，同样可以在单位、家庭、社区获得别人的尊敬。

其所欲。仁者人之所親。有慈惠惻隱之心。以遂其生成。義者人之所宜。賞善罰惡。以立功立事。禮者人之所履。夙興夜寐。以成人倫之序。夫欲五者貫相爲用。而不孤德鄰。下道妙爲人之本不可無一焉。賢人君子明於盛衰之道。通乎成敗之數。審乎治亂之勢。達乎去就之理。故潛居抱道以待其時。若時至而行。則能極人臣之位。得機而動。則能成絕代之功。如其不遇。沒身而已。是以其道足高。而名重於後代。

此章揭道之體析道之用爲賢人君子者不可離道亦不可輕試待以虛寬處達之法言之見時不可逢机不可失不然以道殉人名亦何重之有

正道章

德足以懷遠。信足以一異。義足以得衆。才足以鑒古。明足以照下。此人之俊也。行足以爲儀表。智足以決嫌疑。信可以使守約。廉可以使分財。此人之豪也。守職而不廢。處義而不回。見嫌而不苟免。見利而不苟得。此人之傑也。

此章俊豪傑三者總於道中練到出人頭地處或謂傑勝豪豪勝俊俊屬支離必非立言本旨

正道章

注曰：“道不可以非正。”

王氏曰：“不偏其中，谓之正；人行之履，谓之道。此章之内，显明英俊、豪杰，明事顺理，各尽其道，所行忠、孝、义的道理。”

【解译】说到人生韬略，许多人偏好“奇谋”，总想出奇制胜，最终难免落个蝇营狗苟；殊不知世间最简单的道理，才是正道天理，道、德、仁、义、礼五者，就是做人、处世的正道，守正方能出奇。“正道章”想告诉人们的就是“守正”的道理。

【原典】德足以怀远。

注曰：“怀者，中心悦而诚服之谓也。”

王氏曰：“善政安民，四海无事；以德治国，远近咸服。圣德明君，贤能良相，修德行政，礼贤爱士，屈己于人，好名散于四方，豪杰若闻如此贤义，自然归集。此是德行齐足，威声伏远道理。”

【解译】许多人不知道何为禅，但其实禅的道理很简单：禅并不是你要什么有什么，禅是你想什么有什么！怎么理解呢？空谷回音，你想得到什么样的回答，关键看你想说什么。你所得到的，就是你曾经给予世界的。

道德即为禅，就是你想应对世界的一种态度，它就如同一种善力，而世界反作用回来的也一定是善力。孔子弟子最多时，竟然有三千之众，来

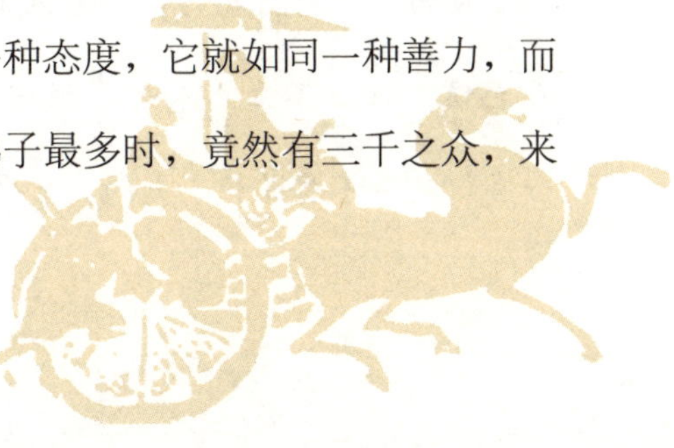

自不同的诸侯国。为什么呢？就是因为孔子本身是有德之人，大家不远千里而来，看重的正是这一点。

春秋五霸中的楚庄王，有一次大宴群臣，要大家不分君臣，尽兴饮酒作乐。正当大家玩得高兴时，一阵风吹来，灯火熄灭，全场一片漆黑。这时，有人乘机调戏楚庄王的爱姬，爱姬十分机智，扯下了这个人的冠缨，并告诉楚庄王："请大王把灯火点燃，只要看清谁的冠缨断了，就可以查证谁是调戏我的人。"群臣乱成一片，以为定会有人丧命。可是，楚庄王却宣布："请大家在点燃灯火之前都扯下自己的冠缨，否则，谁就要受罚。"

当灯火再燃起来的时候，群臣都已经拔去了冠缨。那个调戏爱姬的人自然无法查出。大家都舒了一口气，又高兴地娱乐起来。

两年以后，晋军进攻楚。这时，一名将军勇往直前，杀敌无数，立了大功。楚庄王召见他，赞扬他说："这场仗，多亏了你奋勇杀敌，才能打败晋军。"这个将领泪流满面地说："臣就是两年前在酒宴中调戏大王爱姬的人，当时大王能够重视臣的名誉，宽容臣的过错，不处罚臣，还给臣解围，这使臣感激不尽。从那以后，臣就决心效忠大王，等待机会为大王效命。"

【原典】信足以一异，义足以得众。

注曰："有行有为，而众人宜之，则得乎众人矣。天无信，四时失序；人无信，行止不立。人若志诚守信，乃立身成名之本。君子寡言言必忠信一言议定再不肯改议、失约。有得有为而众人宜之，则得乎众人心。一异者，言天下之道一而已矣，不使人分门别户。赏不先于身，利不厚于己；喜乐共用，患难相恤。如汉先主结义于桃园，立功名于三国；唐大宗集义于太原，成事于隋末，此是义足以得众道理。”

【解译】诚实守信就可以使不同意见的人归于统一，判断、处理事情合乎道理就足以获得众人的支持和拥护。

关于诚信的意义，我们已经讨论了几千年；至于诚信缺失的危害，我们也检讨了几千年。从这几千年的反复中，有两点是可以肯定的：第一，诚信对于一个社会、一个民族，对于一个人的成败荣辱，至关重要；第二，时至今日，诚信依然是社会上的某种稀缺资源。

然而，从另外一个角度讲，我们几千年在讨论同一个问题说明了什么？其实大家在潜意识里，都有追求诚信的愿望，“诚信”是人们的一个共同梦想。正因为如此，如果一个人能坚守诚信，行止有义，一定能激荡起人们心中的涟漪，这也叫“守正出奇”。

【原典】才足以鉴古，明足以照下。此人之俊也。

注曰：“嫌疑之际，非智不决。”

王氏曰：“古之成败，无才智，不能通晓今时得失；不聪明，难以分辨是非。才智齐足，必能通晓时务；聪明广览，可以详辨兴衰。若能参审古今成败之事，便有鉴其得失。

天运日月，照耀于昼夜之中，无所不明；人聪耳目，听鉴于声色之势，

无所不辨。居人之上，如镜高悬，一般人之善恶，自然照见。在上之人，善能分辨善恶，别辨贤愚；在下之人，自然不敢为非。

能行此五件，便是聪明俊毅之人，德行存之于心，仁义行之于外。但凡动静其间，若有威仪，是形端表正之礼。人若见之，动静安详，行止威仪，自然心生恭敬之礼，上下不敢怠慢。

自知者，明知人者。智明可以鉴察自己之善恶，智可以详决他人之嫌疑。聪明之人，事奉君王，必要省晓嫌疑道理。若是嫌疑时分却近前，行必惹祸患怪怨，其间管领勾当，身必不安。若识嫌疑，便识进退，自然身无祸也。”

【解译】只有智慧才能从以往的经历中总结出经验，指导今后的生活；只有明达才能洞见未来，而能做到这两点的人，就是人中之“俊”。

孔子曾言：“四十而不惑”，对于孔子这种大智的人，也许可以做得到，对活在当下的人而言，这只能是一个理想。如今的四十岁正是“大惑”之期，心中有惑，眼中无奈，焦急地注视着岁月的流逝。

人之所以有“困惑”，就在于选择太多、诱惑太多。由于信息太通畅，现代人都生活在“机会泡沫”之中，许多人最后都淹死在泡沫里。为什么呢？因为他们定力不够，在泡沫中首先失去了自我，不断地选择，不断地犹豫，最后淹死在泡沫中。人们不明白一个道理，世界上路再多，你能走的只有一条，没有一个人可以同时在两条路上行走。那么再多的路，对你又有什么意义呢？选择一条路，只要专注地走下去，条条都是金光大道。

选择道路、破解困惑、助人决断需要的是智慧；处事得当、随机应变、知人善用则需要聪明。

智慧不是生活中的知识、技巧、经验的综合，而纯粹是一种心灵的状态，是心灵快乐、幸福，宁静的一种状态。我们这样给智慧定义：智慧是使自己获得内心平静的一种方法。当一个人内心能真正做到无我、无为，智慧就自然产生，心静则智慧生。而一个内心浮躁的人，是不会有智慧的。

那些成功的人，无论周围世事如何纷乱，他们永远在内心给自己留下一块净土，这里是智慧发芽、成长的田园。

【原典】行足以为仪表，智足以决嫌疑，信可以使守约，廉可以使分财。此人之豪也。

王氏曰："诚信，君子之本；守己，养德之源。若有关系机密重事，用人其间，选拣身能志诚，语能忠信，共与会约；至于患难之时，必不悔约、失信。

掌法从其公正，不偏于事；主财守其廉洁，不私于利。肯立纪纲，遵行法度，财物不贪爱。惜行止，有志气，必知羞耻；此等之人，掌管钱粮，岂有虚废？

若能行此四件，便是英豪贤人。"

【解译】有超强的执行力，能够在群体中起到表率作用；足智多谋，在纷乱的世事中，能够保持清醒的头脑，对疑惑难解之事条分缕细，有决断能力；信守诺言，说一不二，一诺千金，即便吃亏受损，决不反悔；清廉公正，不谋私利，能与下属有福同享，同甘共苦。具备这些品质的人，就是人中豪杰。

细数古今中外的成功者，都有成功的内在理由，其中执行力、判断力、自制力、自省力就是最基本的四项理由。比如说自制能力，这几乎是每一个成功者都具备的能力。它使我们可以坚持自己的信念，给我们不懈的毅力，不受周围事物的影响，不论成功与失败，不论屈辱与荣耀，永远不失去自我。

美国著名心理学家瓦尔特·米歇尔曾经在一群幼儿身上做过一个有趣的实验。他给每个孩子发了一块软糖，然后告诉他们说我有事要离开一会儿。他希望孩子们都不要吃掉那块软糖，他允诺说："假如你们能将这块软糖留到我办完事情回来，我会再奖励给你们两块软糖。"孩子们守着那块诱人的软糖一直在等啊等，终于有人熬不住，吃掉了那块软糖。接着，又有人做了同样的事……20 分钟后，米歇尔回来了，他履行诺言，奖励没有吃掉糖的孩子每人两块糖。

实验远远没有结束。米歇尔继续追踪研究那一群接受实验的孩子。多年以后，他发现，那些不能等待的孩子大多一事无成，而日后创出了一番辉煌业绩的全都是当年那些愿意等待的孩子。所以，成功需要理由，希望我们每个人，多给自己一些这样的理由。

【原典】守职而不废。处义而不回。

注曰："孔子为委吏乘田之职是也。迫于利害之际而确然守义者，此不回也。”

王氏曰：“设官定位，各有掌管之事理。分守其职，勿择干办之易难，必索尽心向前办。不该管干之事休管，逞自己之聪明，强搀览而行为之，犯分合管之事；若不误了自己上名爵、职位必不失废。

避患求安，生无贤易之名；居危不便，死尽效忠之道。侍奉君王，必索尽心行政；遇患难之际，竭力亡身，宁守仁义而死也，有忠义清名；避仁义而求生，虽存其命，不以为美。故曰：有死之荣，无生之辱。

临患难效力尽忠，遇危险心无二志，身荣名显。快活时分，同共受用；事急、国危，却不救济，此是忘恩背义之人，君子贤人不肯背义忘恩。如李密与唐兵阵败，伤身坠马倒于涧下，将士皆散，唯王伯当一人在侧，唐将呼之，汝可受降，免你之死。伯当曰：忠臣不侍二主，吾宁死不受降。恐矢射所伤其主，伏身于李密之上，后被唐兵乱射，君臣叠尸，死于涧中。忠臣义士，患难相同；临危遇难，而不苟免。王伯当忠义之名，自唐传于今世。”

【解译】不管职务大小，不管在什么岗位，都要忠于职守，爱岗敬业；不论遇到什么情况，如果你认定是正确的东西就要坚持，而且百折而不挠，永不回头。

千里之行始于足下，这道理谁都懂，但真正做到的人却极少。我们每一个人在社会都有一个位置，也有我们应该做的事情。然而，如果认真检讨起来，我们做到“守职而不废”了吗？应该说许多人没有做到。我们轻视自己那份不起眼的“职守”，结果却与伟大擦肩而过。因为将一件小事专心做到极致，那就是伟业。

“庖丁解牛”的故事大家都知道，说起来，“庖丁”从事的工作无非是个屠夫而已，然而他却将“解牛”这件小事做到了极致，最后居然在惶惶史册中占有一席之地。海尔集团总裁张瑞敏曾说：把每一件简单的事做好就是不简单，把每一件平凡的事做好就是不平凡。

“将小事做到极致”的关键就是坚持，只要认定这是应该做的，就要信心满满做下去。《士兵突击》中那个许三多，他认为自己所做的事，就是“有意义的事”，抱定这个信念他永不放弃，结果他成功了，这就叫“处义而不回”。

如果一心渴望伟大、追求伟大，伟大肯定了无踪影；如果甘于淡泊，认真坚持做好每件小事，伟大却有可能不期而至。

【原典】见嫌而不苟免。

注曰：“周公不嫌于居摄，召公则有所嫌也。孔子不嫌于见南子，子路则有所嫌也。居嫌而不苟免，其惟至明乎。”

【解译】即使被人误解、猜疑，身处是非之地，仍然犯难涉险，做好自己应该做的事，而不会因为怕事而推脱自己的责任。

周公旦是西周时期的政治家、军事家、思想家、教育家，被尊为“元圣”。武王死后，其子成王年幼，就由他摄政当国。这时候有人就散布流言说：周公有野心，有谋位篡权之嫌。这个时候周公该怎么办呢？如果明哲保身，国将大乱。于是他果断平定了叛乱，大行封赏，营建东都，制礼作乐，还政成王。心地坦然，做了他应该做的事。

工作中误解、委屈都是难免的，凡成大事者，必然要有担当一切的胸怀。老子说："受国之垢，是谓社稷主；受国不祥，是为天下王。"只有将天下的不好的事情都承担起来，才能做天下的君王。承载多大的苦难，就有机会迎来多大的辉煌。

【原典】见利而不苟得，此人之杰也。

注曰："俊者，峻于人也；豪者，高于人；杰者，桀于人。有德、有信、有义、有才、有明者，俊之事也。有行、有智、有信、有廉者，豪之事也。至于杰，则才行足以名之矣。然，杰胜于豪，豪胜于俊也。"

王氏曰："名显于己，行之不公者，必有其殃；利荣于家，得之不义者，必损其身。事虽利己，理上不顺，勿得强行。财虽荣身，违碍法度，不可贪爱。贤善君子，顺理行义，仗义俦财，必不肯贪爱小利也。能行此四件，便是人士之杰也。诸葛武侯、狄梁，公正人之杰也。武侯处三分偏安、敌强君庸，危难疑嫌莫过如此。梁公处周唐反变、奸后昏主，危难嫌疑莫过于此。为武侯难，为梁公更难，谓之人杰，真人杰也。"

【解译】利益当前，要坚定自己的操守，不做见利忘义的小人。黄石公认为，具备了"守职而不废、处义而不回、见嫌而不苟免、见利而不苟得"这四种品质的人，就是人中之杰。

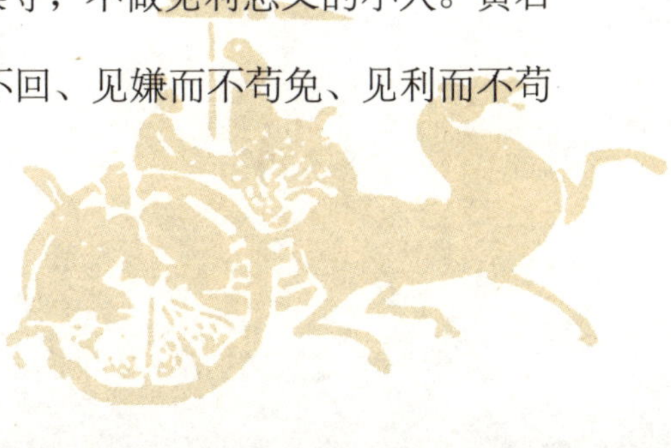

俊、豪、杰三者，是中国古代对人才品评的三个标准，虽然不同的人在具体标准上有所不同，但大体都差不多。《淮南子》中说：智慧超过万人的叫“英”，智慧超过千人的叫“俊”，智慧超过百人的叫“豪”，超过十人的叫“杰”。

不论怎么界定人才，天道、德行、仁爱、正义、礼制这五者，始终是人才的核心。《素书》中关于俊、豪、杰三种人的划分，也是以上述五德为基础。因为想做事，首先要做人，而五德正是做人的天理正道，故本章名为《正道章》。

求人之志章

絕嗜禁欲所以除累。抑非損惡所以禳（袪除）過。貶酒闕色所以無污。避嫌遠疑（於迹無嫌於心無疑）所以不誤。博學切問所以廣知。高行微言所以修身。恭儉謙約所以自守。深計遠慮所以不窮。親仁友直所以扶顛。近恕篤行所以接人。任材使能所以濟務。殫惡斥讒所以止亂。推古驗今所以不惑。先揆後度所以應卒。設變致權所以解結。括囊順會所以

求人之志章

注曰："志不可以妄求。"

王氏曰："求者，访问推求；志者，人之心志。此章之内，谓明贤人必求其志，量材受职，立纲纪、法度、道理。"

【解译】相传，有一位哲学家来到一个建筑工地，分别问三个正在砌砖的工匠："你在干什么？"第一个头也不回地说："我在砌砖。"第二个工人抬头看了看说："我在砌一堵墙。"第三个工人满怀憧憬地说："我在建一座教堂。"听完回答，哲学家马上就判断了三个人的未来：第一个人心中眼中只有砖，他这一辈子能把砖砌好就不错了；第二个眼中有墙，心中有墙，好好干，能当个工头什么的；唯有第三位，必成大器，因为他有远大的目标——他心中有一座殿堂。

人之志向犹如信仰，它是指引人成长进步的目标，有了它，就有了进步的方向；有了它，就有了进步的动力。

【原典】绝嗜禁欲，所以除累。

注曰："人性清净，本无系累；嗜欲所牵，舍己逐物。"

王氏曰："远声色，无患于已；纵骄奢，必伤其身。虚华所好，可以断除；贪爱生欲，可以禁绝，若不断除色欲，恐蔽塞自己。聪明人被虚名、欲色所染污，必不能正心、洁己；若除所好，心清志广；绝色欲，无污累。"

【解译】人无志而不行，立志首先要从绝嗜禁欲开始，为什么要这么做呢？是为了清除人生中不必要的累赘。

佛陀曾言，人生是悲苦的，其原因就在于人有三大嗜欲：贪婪、嗔恚、愚痴。这三大嗜欲就犹如三座大山压在我们心头，使我们迷乱，步履维艰。俄国著名作家托尔斯泰写过这样一个短篇故事：

有一个农夫，每天早出晚归地耕种一小片贫瘠的土地，累死累活，收效甚微，一位天使可怜农夫的境遇，就对农夫说，只要他能不停地跑一圈，他跑过的地方就全部归其所有。

于是，农夫兴奋地朝前跑去。跑累了，想停下来休息一会儿，然而一想到家里的妻子儿女们都需要更多的土地来生活，又拼命地再往前跑……有人告诉他，你到了该往回跑的时候了，不然，你就完了。农夫根本听不进去，他只想得到更多的土地，更多的金钱，更多的享受。可是，终因心衰力竭，倒地而亡。生命没有了，土地没有了，一切都没有了，欲望使他失去了一切。

我们立志，是为了走得更远、更高。试想，一个将要远行的人，如果他是背着三座大山远行，最终他能走出多远呢？庄子曾说过：“嗜欲深者，天机浅。”你的嗜欲越是强烈那么洞察天机的概率越是渺茫，成功的机会也就越小。

但人的欲望是与生俱来的，不可能完全断绝，孔子也说“食色性也”，没有了欲望人就缺少了必要的动力。这里讲的“绝嗜禁欲”，是希望有志者控制自己的欲望，不要使之泛滥，“人到无求品自高”，而不是“存天理，灭人欲”那种程度。

【原典】抑非损恶，所以禳过。

注曰：“禳，犹祈禳而去之也。非至于无，抑恶至于无，损过可以无禳尔。”

王氏曰：“心欲安静，当可戒其非为；身若无过，必以断除其恶。非理不行，非善不为；不行非理，不为恶事，自然无过。”

【解译】每天能抑制自己不正确的行为、思想，每天能减少一些自己的恶习，这样就可以减少过错，使自己达到完美。禳，是去除或者消除的意思。当错误悄悄靠近你的时候，好像你用手轻轻地推拒它，让它自动离开。

春秋时，晋灵公无道，滥杀无辜，臣下士季对他进谏。灵公当即表示：“我知过也！定改！”士季这时说了一句流传千古的名言：“人谁无过？过而能改，善莫大焉。”意思是说，这世界任何人都会有过错，这并不可怕，只要知错善改，依然是好人。

相传，在罗马古城的城门上刻着这样一句话：认识你自己！人这一生的最大敌人其实就是自己，具体地说就是自己的“非与恶”，能战胜自己的人，才称得上是世界上最强大的人，所以老子说“自胜者强”。

清代名臣曾国藩有一个好习惯，那就是每天在日记中检讨自己的不足与过错，说了什么错话、办了什么错事、动过什么邪念，都要一一记录下来，并且提出改正的措施与方法。正是他这种“吾日三省吾身”态度，使他在人格上、事业上都达到了巅峰。

我们不妨也学学曾国藩，每天用十分钟的时间静坐下来，检讨一天来的思想行为，什么是正确的、什么是错误的，给自己一个评价。如果你能坚持几年，精神面貌、心理素质肯定会有一个大的提升，甚至你会有不认识自己的感觉。

《周易》云：“见善则迁，有过则改。”

《尚书》云：“改过不吝。”

《论语》云：“过而不改，是谓过矣。”“知耻近乎勇。”

《易论第九》：“过而不能知，是不智；知而不能改，是不勇也。”

【原典】贬酒阙色，所以无污。

注曰：“色败精，精耗则害神；酒败神，神伤则害精。”

王氏曰：“酒能乱性，色能败身。性乱，思虑不明；神损，行事不清。若能省酒、戒色，心神必然清爽、分明，然后无昏聋之过。”

【解译】酒乱性、色迷人，古人早有明训，凡有大志者，切忌玩物丧志，沉迷于酒色之中，不要使自己的行为有污点。

相传，中国的造酒技术出现在夏代，据《战国策》记载：大禹当政时，有一个叫仪狄的人造出了美酒，并敬献给禹王。禹王喝了一口，感觉真是太舒服了。但他也认识到这么好喝的东西的坏处，他说：将来肯定有因酒而亡国者。于是下令禁酒。这个故事肯定是后人编造的，因为当时的酒作为一种药，对人是有益的。

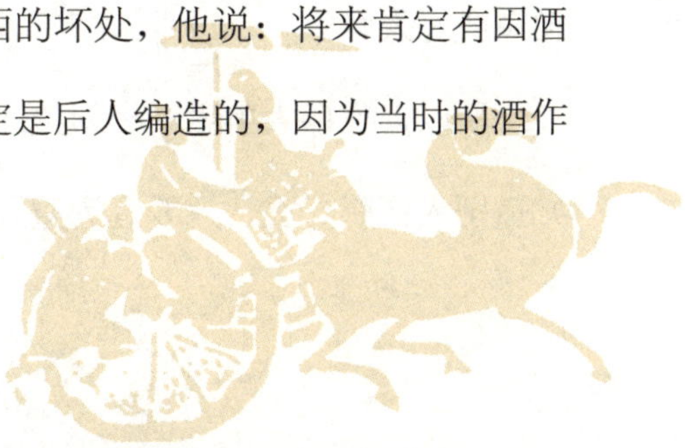

当然，任何事情都有两方面，后世也确实有因饮酒过度而误事甚至送命者，但这不是酒的过错，而是人的过错。黄石公提出“贬酒阙色”，是提醒有志者，要专注于目标，不要玩物丧志。

【原典】避嫌远疑，所以不误。

注曰：“于迹无嫌，于心无疑，事乃不误尔。”

王氏曰：“知人所嫌，远者无危，识人所疑，避者无害，韩信不远高祖而亡。若是嫌而不避，疑而不远，必招祸患，为人要省嫌疑道理。”

【解译】有志者，在原则问题上要“见嫌而不苟免”，勇于承担自己的责任。但在原则以外的事情上，要心胸豁达。不怕“嫌疑”，并不是鼓励制造“嫌疑”，相反，要千方百计避免“嫌疑”。生活中人与人的矛盾，许多都是由非原则问题引起的，一个不正确的表达方式，一次不经意的冷落，甚至一个被人误解的眼色，都可能给自己的事业带来不必要的麻烦。

美国著名成功学家安东尼·罗宾通过对一个为数两千多人的目标人群所进行的长达十年的跟踪研究，得出了一个惊人的结论：一个人的成就大小，往往和他拥有的支持者、帮助者的数目成正比。根据这一结论，安东尼指出：影响人生成功的最重要的因素不是人的才华、家庭背景等，而是人的社会关系或好人缘。

所以，凡谋大事者，必须关注人与人之间的小事，知道别人嫌弃什么、知道别人怀疑什么，只要远远避开，就不会伤害到你。

唐代出了一个奸相，名叫卢杞，貌丑而奸诈，而且心胸极为狭窄。民间有则传说，可以证明卢杞的为人：德宗朝，有一个叫钟馗的举子，长得豹头虎眼，铁面髭须，丑陋无比，面貌可怖，却满腹才华。唐德宗登基之年开科取士，钟馗到长安应试，笔试取为第一名魁甲，在面试之时，德宗见其貌不扬，面有不悦之色，当时宰相卢杞，见状奏曰：“钟馗貌丑，何不另选一人。”钟馗闻言大怒，舞笏便打，大殿混乱，德宗大怒，于是钟馗触阶而死。

对这种人就要格外小心，无意间的得罪，就可能带来很大的麻烦。所以，唐代中兴名将郭子仪得知卢杞来访，小心翼翼将家里的人都打发出去，有些人不理解，郭子仪说：“卢杞相貌丑陋，家人见了可能会笑。如果哪天卢杞发迹了，那我就麻烦了。”俗话说，宁得罪君子不得罪小人。

【原典】博学切问，所以广知。

注曰：“有圣贤之质，而不广之以学问，弗勉故也。”

王氏曰：“欲明性理，必须广览经书；通晓疑难，当以遵师礼问。若能讲明经书，通晓疑难，自然心明智广。”

【解译】立下志向，就如同造好了一艘大船，这船要想远航，就得有帆。没有帆，船不能行，志向只能变成空想。“志大才疏”者，就是一艘无帆的船。那么船帆从哪里来呢？只有以学为经，以问为纬，才能编织出远航的船帆。西塞罗曾说：地不耕种，再肥沃也长不出果实；人不学习，再聪明也目不识丁。

《论语》中有句名言："敏而好学，不耻下问。"孔子不愧是个大教育家，一语道破学习的两种途径——好学与勤问，向别人请教，是学习的最好方式。孔子是这样说的，也是这样做的。一次，孔子去鲁国国君的祖庙参加祭祖典礼，他不时向人询问祭典中的一切礼节，差不多每件事都问到了。于是，有人就在背后嘲笑他，说他不懂礼仪，什么都要问。孔子听到这些议论后说："对于不懂的事，问个明白，这正是我要求知礼的表现啊。"

【原典】高行微言，所以修身。

注曰："行欲高而不屈，言欲微而不彰。"

王氏曰："行高以修其身，言微以守其道；若知诸事休夸说，行将出来，人自知道。若是先说却不能行，此谓言行不相顾也。聪明之人，若有涵养，简富不肯多言。言行清高，便是修身之道。"

【解译】心怀大志的人，一定要高调做事，低调做人。所谓低调做人，就是要在修养上保持自己高尚的德行，在言语方面却要委婉、低调，不事张扬。

古人在品评人物的时候，其标准与现代人有些不同。现代人为了求名，大张旗鼓地为自己造势，俗称"炒作"，更有一个中性词叫"广告"。其间，花言巧语者有之，夸夸其谈者有之，讨巧弄势者有之，制造假新闻者有之……而此类人物在古人看来，统统算不上人才。

《论语》云："巧言令色，鲜仁矣。"意思是：经常花言巧语，装出和颜悦色的样子，这种人的仁心就很少了。很明显，孔子反对那些花言巧语、夸夸其谈的人，认为这种人缺少最基本的做人品质。

那么，什么人才是孔子欣赏的人才呢？他说："刚、毅、木、讷近仁。"他认为，刚强、果敢、朴实、谨慎，这四种品德接近于仁。其中"木讷"一词，就包含了语言朴实无华，微言慎行之意。

大哲学家老子对人才的评价类似于孔子，在《道德经》八十一章中，有多处谈到了人才与言语的关系，比如说："信言不美，美言不信""言有宗，事有君""美言可以市尊"等。他认为，人的语言必须朴实，言之有物。花言巧语只能博个虚名，甚至可以损害一个人的德行。

为什么会如此评论人呢？古人从中医"舌为心苗"中引申出"言为心苗"，语言是心念的反映，而花言巧语、夸夸其谈之人，有太多自私的目的隐藏在其中，心念不正，其言当然不可听。所以古人从日常语言中要求大家修养心性，就是防微杜渐，防止心灵的静土中生长出邪念。

【原典】恭俭谦约，所以自守：深计远虑，所以不穷。

注曰："管仲之计，可谓能九合诸侯矣，而穷于王道；商鞅之计，可谓能强国矣，而穷于仁义；弘羊之计，可谓能聚财矣，而穷于养民；凡有穷者，俱非计也。"

王氏曰："恭敬先行礼义，俭用自然常足；谨身不遭祸患，必无虚谬，恭、俭、谨、约四件若能谨守、依行，可以保守终身无患。

所以，智谋深广，立事成功；德高远虑，必无祸患，人若深谋远虑，所以事理皆合于道；随机应变，无有穷尽。”

【解译】具有恭敬、节俭、谦虚、简约这四种品质的人，进可以成就大业，退可以完善品格，坚持操守，无论进与退，都是一种成功；而真正具有大智慧的人，遇事思虑周全、深谋远虑，不论在任何情况下都不会手足无措。

大凡有志而成功的人，都不是完人，总有这样或那样的缺点。但此类人有一个共同的优点，就是在某些品格上异常突出，而且他们会终身坚守几条原则。而那些普通的人，不见得有更多的缺点，却没有突出的品格。所以，在成功道路上行走的人，并不是缺点最少的人，而是优点最突出的人。

今天，孔子作为“学圣”，受万世尊敬，那是因为孔子身上有许多比别人更加突出的优点。比如说，孔子的学问就得益于他十分谦虚的优点。有一天，孔子他们驾车去晋国。一个孩子在路当中堆碎石瓦片玩，挡住了他们的去路。孔子说：“你不该在路当中玩，挡住我们的车！”孩子指着地上说：“老人家，您看这是什么？”孔子一看，这孩子是用碎石瓦片摆的一座城。孩子又说：“您说，应该是城给车让路还是车给城让路呢？”孔子一下子被问住了。于是孔子对学生们说：“他可以做我的老师啊！”

巴菲特是证券投资领域真正的大腕，是股市的神话。但你知道巴菲特的工资是多少吗？他的年薪 20 多年来一直都维持在 10 万美元（没有股票期权，也没有奖金分红），在“《财富》500 强”所有的首席执行官当中，他的薪水最低，但他是全球表现最佳的基金经理。他管理运作伯克希尔公司已有几十年的时间，是美国大公司任职时间最长的一位首席执行官。

巴菲特不爱抛头露面，不喜欢张扬个性，生活方式保持低调。他把他的生活准则描述为：“简单、传统和节俭”。

我们每个人总会有一些优点，只要我们将自己原有的优点坚持、放大，并在这一点上超越其他人，就一定能够成功。

【原典】亲仁友直，所以扶颠。

注曰：“闻誉而喜者，不可以得友直。”

王氏曰：“父母生其身，师友长其智。有仁义、德行贤人，常要亲近正直、忠诚，多行敬爱；若有差错，必然劝谏、提说此；结交必择良友，若遇患难，递相扶持。”

【解译】好的朋友是事业的助力，能够在你危难之时，伸出援助之手；在黑暗之中，送来一丝光明；在你得意忘形之时，给你当头一棒。

那么什么是好朋友呢？《论语》说：“益者三友，损者三友。友直，友谅，友多闻，益矣。友便辟，友善柔，友便佞，损矣。”正直的朋友，真诚大度的朋友，博学多才的朋友，可以让我们受益良多；而事实上并不正直的朋友，善于迎合别人、讨好别人，而欠缺诚信的朋友，善于随口胡说却没有真才识学的朋友，只会让我们受到伤害。

有一个很有意思的测试：大家拿出一页纸，然后在纸上写下和你相处时间最多的 6 个人，也可以说是与你关系最亲密的 6 个朋友，记下他们每个人的月收入。然后，算出这 6 个人月收入的总和，最后算出他们月收入的平均数。这个平均值，便能反映出你个人月收入应该有多少。

中国古人有“近朱者赤，近墨者黑”的名言，意为什么样的人交什么样的朋友；美国也有句类似的谚语，“和傻瓜生活，整天吃吃喝喝；和智者生活，时时勤于思考。”这两句话所讲的道理是一样的，都是告诉我们择友的重要性。

【原典】近恕笃行，所以接人。

注曰：“极高明而道中庸，圣贤之所以接人也。高明者，圣人之所独；中庸者，众人之所同也。”

王氏曰：“亲近忠正之人，学问忠正之道；恭敬德行之士，讲明德行之理。此是接引后人，止恶行善之法。”

【解译】自己不想做的事，不强加给别人，宽人厚物，这就叫“近恕”；但对自己选定的目标，一定要忠贞不渝，踏踏实实，一心一意，坚持不懈，这叫“笃行”。有了这两种品质，就可以获得大家的支持，成就事业。

孔子有一个弟子叫子贡，有一次问老师，这世界上有没有一个字可以成为人终身行为处事的标准？孔子回答说，有啊，那就是“恕”这个字。这个字的意思就是“己所不欲，勿施于人”。可见，这个字在孔子看来是多么重要，它是一个人终身行为处事的标准。

做事先做人，这道理谁都懂。但“做人”并不是做好自己的意思，如果你不与任何人发生联系，即使做好了自己，也没有意义。只有将别人的事做好，你才能做好自己。那么如何做到这一点呢？孔子教给了我们许多的方法，比如“已欲立而立人，已欲达而达人”“先难而后获”等，其中“已所不欲，勿施于人”也是一条重要的原则。这条原则要求我们，在待人接物方面，一定要宽人厚物。

阿拉伯有一则传说，很能说明宽人厚物的重要性。有两个朋友在沙漠中旅行，在旅途中因为一点小事他们吵了一架，一个还给了另外一个一记耳光。被打的人觉得受辱，一言不发，在沙子上写下：“今天我的好朋友打了我一巴掌。”他们继续往前走。直到到了沃野，他们才决定停下。被打巴掌的那位差点淹死，幸好被朋友救起来了。被救起后，他拿了一把小刀在石头上刻下：“今天我的好朋友救了我一命。”

打人的朋友问道：“为什么我打了你以后你要写在沙子上，而现在要刻在石头上呢？”被打者笑笑回答说：“当被一个朋友伤害时，要写在易忘的地方，风会负责抹去它；相反的，如果被帮助，我们要把它刻在心灵深处，那里任何风都不能抹去的。”

如果没有一颗宽容的心，即使身处滚滚红尘中，寂寞也会像附骨之疽，挥之不去。

【原典】任材使能，所以济物。

注曰：“应变之谓材，可用之谓能。材者，任之而不可使；能者，使之而不可任，此用人之术也。”

王氏曰：“量才用人，事无不办；委使贤能，功无不成；若能任用才能之人，可以济时利务。如：汉高祖用张良陈平之计，韩信英布之能，成立大汉天下。”

【解译】识人善用，将合适的人放在合适的位置上，做到人尽其才，各安其位，就能成就一番大事业。

俗话说“尺有所短，寸有所长”，李白的“天生我才必有用”，都是千古名言。每个人从道理上讲都是天才，之所以没有表现为天才，那是因为放错了地方。所谓的“材”，指的是有应变能力，有统筹规划能力的人，也就是指具有领导能力的人；所谓的“能”，是指虽然缺少策划指挥能力，但有很强贯彻能力，可以将具体事情做得很周全的人。

许多成功的事业，创立者都不是所谓精英，就是一群很普通的人，但是他们每个人都可以在这个事业中将自己的才能发挥出来，所以成功了。只要有合适的环境，任何一颗种子都有可能将自己的生命、价值延展到极限。

所谓的成功人士，一定是这样的人：他能帮助周围的人都成功，周围成功的人越多，他的成就也就越大。假如，他不能帮助别人成功，那他也一定是个失败者。

那么，如何帮助别人成功呢？教育里有条原则“因材施教”，管理学的原则就是“任材使能”。帮助别人找出他的长处，并且将这一优点发挥到极点。

相传，有一天佛祖检查天下佛寺的香火情况，结果却发现：由弥勒佛做主持的寺院，来拜寺的人虽然很多，香火钱却很少。因为弥勒佛热情快乐，但他什么都不在乎，账目乱七八糟。而由韦陀做主持的寺院，冷冷清清，几乎没有香客，香火钱自然也就很少了。原因是韦陀每天黑着个脸，没人敢来他的寺院。

于是佛祖做了一番调整，将他俩调到一个寺院中，由笑眯眯的弥勒佛负责公关，每天笑迎天下香客，于是香火很盛；而由黑脸的韦陀管理寺院的账目，斤斤计较。他俩合作，寺院欣欣向荣。

佛祖所做的工作，就是帮助他们俩发现优点，并将优点无限放大。天下本无废人，就看怎么用，如果用不好，再有才能的人，也是废人。三国时期的马谡，是一个很有才华的军事家，连诸葛亮有时也要向他请教。此人如果做参谋、当教员，那是一流的，结果却偏偏作为主将去守街亭，落得个“挥泪斩马谡”的下场。

【原典】瘅恶斥谗，所以止乱。

注曰：“谗言恶行，乱之根也。”

王氏曰：“奸邪当道，逞凶恶而强为；谗佞居官，仗势力以专权，逞凶恶而强为；不用忠良，其邦昏乱。仗势力专权，轻灭贤士，家国危亡；若能俦绝邪恶之徒，远去奸谗小辈，自然灾害不生，祸乱不作。”

【解译】有志者必须远离一切邪恶，排斥一切谗言，这是避免混乱，保证事业成功的先决条件。

谗言自古是祸乱的根由，多少人深受其害。战国时的大诗人屈原，不就是由于楚怀王、顷襄王听信令尹子兰和靳尚的谗言而被革职放逐的吗？春秋末期的吴国老臣伍子胥，也是由于直谏被伯嚭钻了空子，最终因其谗言被杀。就连孔子最仁孝的学生曾参，也曾因被误传杀人，吓得他母亲要“投杼逾墙而走”。千百年以后，李白犹自愤怒感慨：“曾参岂是杀人者！谗言三及慈母惊。”

人们对谗言痛恨到何种程度，就连大圣人孔子也大骂谗言是“利口覆邦家”，可见谗言之祸真是令人谈之色变。汉代的东方朔一生滑稽少正经语，但在临死前却对汉武帝说了一番“人之将死，其言也善”的话，那就是“远巧佞，退谗言”。搞得武帝很奇怪，这老家伙怎么突然正经起来了？

《诗经》里有首诗很有意思：“取彼谮人，投畀豺虎。豺虎不食，投畀有北。有北不受，投畀有昊！”抓住那个嚼舌头的坏人，把他扔给豺狼虎豹！豺狼虎豹嫌他肮脏难吃。把他投到北方荒原冻死！北方荒原也嫌他恶心不理他。那就把他抛到高高的天上，让天老爷灭了他吧！

但对谗言光痛恨还不行，首先要有分辨的能力。宋人林逋就在其《省心录》中提出了这么几条辨别原则：“谗言巧，佞言甘，忠言直，信言寡。”这里的“谗言巧”中的“巧”，是花言巧语之巧，投机取巧之巧，巧舌如簧之巧。为什么谗言者一定要用巧呢？因为巧可以掩盖阴谋、假话、破绽，只要仔细辨别，其实并不难看穿。

【原典】推古验今，所以不惑。

注曰：“因古人之迹，推古人之心，以验方今之事，岂有惑哉？”

王氏曰：“始皇暴虐行无道而丧国，高祖宽洪，施仁德以兴邦。古时圣君贤相，宜正心修身，能齐家治国平天下；今时君臣，若学古人，肯正心修身，也能齐家、治国、平天下。若将眼前公事，比并古时之理，推求成败之由，必无惑乱。”

【解译】从历史的发展中总结经验，从过去的掌故中学习规律，才能厘清纷乱的事理，洞晓事物演进的方向，在任何时候都保持清醒的头脑。

战国时期，赵国的将领赵括，年幼时在其父赵奢的影响下熟读兵书、能言善辩，却无实战经验。公元前260年，赵国中了秦国的反间计，用赵括代替廉颇为将，上任后便改守为攻，在长平（今山西高平西北）主动引兵出击，被秦军包围。期间曾组织多次突围，但均不成功。在被围46天后，赵括在突围时被秦军射杀，40余万赵兵只得投降，后被秦将白起全部坑杀。这就是著名的长平之战。

三国时，蜀将马谡到达街亭后，自作主张将大军部署在远离水源的街亭山上。当时，副将王平对此提出异议，马谡不但不听劝阻，反而自信地说：“我马谡通晓兵法，世人皆知，连丞相有时得请教于我，而你王平生长戎旅，手不能书，知何兵法？”结果敌人切断水源，掐断粮道，将蜀军围困于山上，然后纵火烧山。蜀军饥渴难忍，军心涣散，不战自乱。

赵括与马谡相隔几百年，都是失败者。如果追究他们失败的原因，可以说他们都败于有理论无实践、自以为是这一点。

可见，虽然我们的社会在进步，时代在前进，但过去的故事都会以不同的方式重演，历史都会以另一种状态重现的。我们正经历的，或者将要经历的，不过是在重复祖先们的老故事，人类也许永远走不出这个圈子。所以说：太阳底下没有新鲜事！不知过去，只知现在，无法预知未来。

成功者有一个普遍的优点，那就是善于总结经验。从这点上说，成功者大多也是“拿来主义者”，将过去的、别人用血泪换来的经验，融化为自己的智慧。

【原典】先揆后度，所以应卒。

注曰：“执一尺之度，而天下之长短尽在是矣。仓卒事物之来，而应之无穷者，揆度有数也。”

王氏曰：“料事于未行之先，应机于仓卒之际，先能料量眼前时务，后有定度所行事体。凡百事务，要先算计，料量已定，然后却行，临时必无差错。”

【解译】世事幽暗，当事者迷。迷在何处？不能揆情度理。《说文》云：揆，度也。就是审度、度量、估量的意思。所以凡成大事者，必须谋定而后动，在事情还没有发生之前，就要预测事情的走向，预先准备好预案，即使有突发事件，也不至于乱了阵脚。

中国人历来对料事如神的人极其崇敬，三国时的诸葛亮就不必说了，三国时的郭嘉也是人们津津乐道的人物。

郭嘉字奉孝，乃是曹操的第一谋臣，他料事如神。比方说，曹操三战吕布，士卒疲倦，准备撤军。郭嘉力主再战，而且断定再战必胜，结果吕布被擒。曹操征伐袁谭、袁尚，连战连克，诸将主张再战，郭嘉主张撤军，结果袁谭、袁尚兄弟祸起萧墙，曹操渔翁得利。曹操战袁绍，有人担心孙策趁机偷袭许都，郭嘉说来不了；曹操征乌丸，有人担心刘表趁机偷袭许都，郭嘉说不会来。事事都有先见之明。以至于郭奉孝死后，曹操荆州大败后，大哭着说：“郭奉孝在，不使孤至此！”

其实“料事如神”说穿了也没有那么神秘，只要将人看透了，自然可以料事先机。郭奉孝其实就是把人琢磨透了，他看透了袁绍，看透了吕布，看透了孙策，看透了刘表，也看透了袁尚和袁谭，所以才能知道这些人在当时情况下会做出什么样的反应。

同样，理解了大自然的规律、理解了事物发展的规律，一样可以帮助你走向辉煌。相传，古希腊有个哲学家叫泰勒，有一年他通过研究天文学得知，第二年橄榄将获得大丰收。于是他事先花钱垄断了当地的榨油机，当橄榄如期丰收时，他以高价出租自己的榨油机，获得了巨额财富。

人们常说，机会永远属于那些有准备的人。所谓的准备，就是对你将要从事的工作揆情度理。

【原典】设变致权，所以解结。

注曰：“有正、有变、有权、有经。方其正，有所不能行，则变而归之于正也；方其经，有所不能用，则权而归之于经也。”

王氏曰：“施设赏罚，在一时之权变；辨别善恶，出一时之聪明。有谋智、权变之人，必能体察善恶，别辨是非。从权行政，通机达变，便可解人所结冤仇。”

【解译】一帆风顺、万事如意，都是人们美好的祝福，事实却不是这样。在生活中、事业中随时都有解不开的死结。怎么办呢？那就要“设变致权”，即要随机应变、灵活变通，遇事不要死脑筋。世界上的任何困难，都存在解决之道，只要善于发现，没有过不去的坎。

说到灵活应变，全世界的文化中，唯有中国最具有这种特质，因为我们是“辩证法”的老祖宗。《易经》是中国文化的源头之一，而它的核心思想只有一个字，那就是“变”，所谓“神无体，易无方”，指的就是变化。六十四个卦爻摆在那里，没有任何意思，但只要有一个爻动，整个卦随之而动。唯有在动态的变化中，这个世界才显得生机勃勃。

同样，在处理人世间各种矛盾、化解进前道路中的各种困难之时，只有通机达变，才能应对自如，摆脱困境。许多成功者，可能没有多么深厚的知识，但他们都本能地懂得通机达变的道理。

曹操想刺杀董卓，但顾虑吕布的勇猛。那一天曹操佩着宝刀来到相府，使计谋支开吕布，抽出宝刀，刚要行刺，不料董卓从衣镜中看到曹操在背后拔刀，急回身问道："你干什么？"此时吕布已牵马来到阁外。曹操心中不免暗暗发慌，他灵机一动，便表情镇静地双手举刀跪下说："今有宝刀一口，献给恩相。"董卓接过一看，果然是一把宝刀：七宝嵌饰，锋利无比。董卓便将宝刀递给吕布收起，曹操也将刀鞘解下交给吕布。然后，董卓带曹操出阁看马，曹操趁机要求试骑一下。董卓不假思索便命备好鞍辔，把马交给曹操。曹操牵马出相府，快马加鞭往东南而去。

曹操本能的机智救了自己一命，否则就不可能有烽烟三国的精彩。

【原典】括囊顺会，所以无咎。

注曰："君子语默以时，出处以道；括囊而不见其美，顺会而不发其机，所以免咎。"

王氏曰："口招祸之门，舌乃斩身之刀；若能藏舌缄口，必无伤身之祸患。为官长之人，不合说的却说，招惹怪责；合说不说，挫了机会。慎理而行，必无灾咎。"

【解译】有志之人，在大志未展之时怎么办呢？《素书》给出了一个答案：括囊顺会！"括囊"指的是将口袋扎起来，"顺会"指的是顺应时机。不要满世界嚷嚷你的伟大志向，而是要韬光养晦，做好各项准备工作，静候时机的到来。

成天将志向挂在嘴上的人，一般都是坐而论道者，他们其实只是脑子一热，有一个想法而已，并不是真正的志向。真正有志之人，会将志向看得像宝物一般，深深珍藏于心，暗暗激励着自己。

从权变的角度讲，如果你有一个好想法，满世界一嚷嚷，那么成就这个想法的人，一定不会是你；如果你的想法会对某一些人构成威胁，或者损害他们的利益，那么将会有一群人让你永远也看不到想法实现的那一天。

战国末期，越王勾践刚继位不久，就被吴王夫差攻破越都，越国战败。一国之君勾践也被迫屈膝投降，并随夫差到了吴国，像奴隶一样侍奉吴王，后被赦归返国。勾践自战败以后，时刻不忘会稽之耻，日日卧薪尝胆。公元前 473 年，越军再次大破吴国，吴王夫差被围困在吴都西面的姑苏山上，求降不得而自杀，吴国灭亡了。

想想看，如果越王勾践满世界嚷嚷要报仇雪恨，他复仇的决心真的值得怀疑，而且夫差也决不会让他活到带兵攻打吴国那一天。“卧薪尝胆”的十年，就是韬光养晦、“括囊无咎”的十年，让他终于等到了机会，那一年吴王率精锐而出，与诸侯会盟于黄池，仅使太子和老弱守国。

成功其实不在于条件的好坏，而在于对待时机的态度，以及迎接时机的准备。无志之人在优越的条件中错失机会，而有志之人却在没有条件中创造机会。

【原典】橛橛梗梗，所以立功；孜孜淑淑，所以保终。

注曰：“橛橛者，有所恃而不可摇；梗梗者，有所立而不可挠。孜孜者，勤之又勤；淑淑者，善之又善。立功莫如有守，保终莫如无过也。”

王氏曰：“君不行仁，当要直言、苦谏；国若昏乱，以道摄正、安民。未行法度，先立纪纲；纪纲既立，法度自行。上能匡君、正国，下能恤军、爱民。心无私徇，事理分明，人若处心公正，能为敢做，便可立功成事。

诚意正心，修身之本；克己复礼，养德之先。为官掌法之时，虑国不能治，民不能安；常怀奉政谨慎之心，居安虑危，得宠思辱，便是保终无祸患。”

【解译】立志是容易的，但坚持却是世界上最难的事情，所以《素书》求人之志章的最后，用“橛橛梗梗，孜孜淑淑”来勉励大家，翻译过来就是四句话：坚持不懈、百折不挠、勤勉奋发、精益求精。只有这样才能使志向变成现实。

1948 年，牛津大学举办了一个名叫“成功秘诀”的讲座，邀请的演讲人是丘吉尔。演讲的那一天，会场上人山人海、水泄不通，全世界各大新闻媒体都到齐了。人们准备洗耳恭听这位政治家、外交家、文学家的成功秘诀。

丘吉尔用手势止住大家雷鸣般的掌声后说：“我有 3 个成功秘诀：第一是百折不挠；第二是永不放弃；第三是百折不挠、永不放弃！我的演讲结束了。”

会场上沉寂了一分钟后，才爆发出经久不息的掌声。

这个世界上从来没有免费的午餐，也从来没有人轻易获得成功。所谓的成功者，从某种意义上说，就是失败次数最多的人。爱迪生发明灯泡，试验过一千多种灯丝，也就是失败了一千多次；诺贝尔发明炸药，也做了两百多次失败的试验。

最倒霉的人是三国时的刘备，在汉末群雄角逐之中，他原是一个势单力薄的小军阀，被大军阀打得东奔西跑，经常寄人篱下。他打了五仗，败了四仗，而且有三仗丢了妻儿。在此之后，又被曹仁、曹操打败了两次。但他有种百折不挠、坚持不懈的精神，终究使他成就一番霸业。后来《三国志》在评价他时说："机权干略，不逮魏武，是以基宇亦狭。然折而不挠，终不为下。"

一个人，不论做什么事情、立什么志向，只要有"橛橛梗梗，孜孜淑淑"的精神，就一定能够达成所愿。

本德宗道章

注曰："言本宗不可以离道德。"

王氏曰："君子以德为本，圣人以道为宗。此章之内，论说务本、修德、守道、明宗道理。"

【解译】成就非凡人生，难免要有权变之术、应对之策。然而天下之术，犹如双刃利剑，操控之法，全在一心。本章虽然讲应对人生的具体方略，教人如何逢凶化吉、趋利避害，但却再三告诫人们：术之应用，全在"本德尊道"四个字。圣贤君子用之，可以惠利万民；心术不正者用之，则会伤人害己。

【原典】夫志心笃行之术，长莫长于博谋。

注曰："谋之欲博。"

王氏曰："道、德、仁、智存于心；礼、义、廉、耻用于外；人能志心笃行，乃立身成名之本。如伊尹为殷朝大相，受先帝遗诏，辅佐幼主太甲为是。太甲不行仁政，伊尹临朝摄政，将太甲放之桐宫三载，修德行政，改悔旧过；伊尹集众大臣，复立太甲为君，乃行仁道。以此尽忠行政贤明良相，古今少有人；若志诚正心，立国全身之良法。

君不仁德、圣明，难以正国、安民。臣无善策、良谋，不能立功行政。

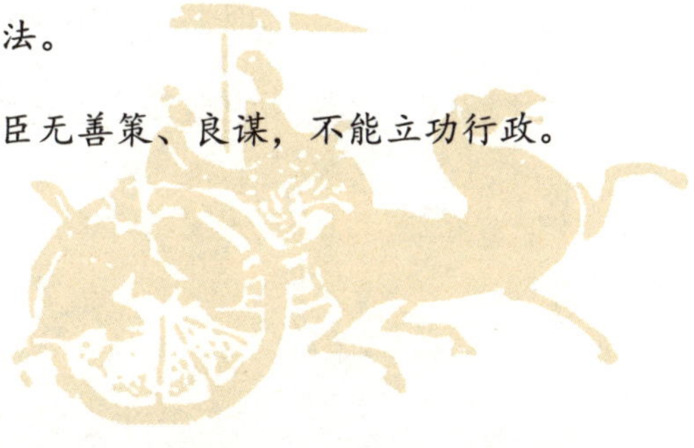

齐家、治国无谋不成。攻城破敌，有谋必胜，必有机变。临事谋设，若有机变、谋略，可以为师长。”

【解译】有了远大的目标，有了坚定的信心，有了脚踏实地的精神，说明事业有了一个良好的起点。那么，接下来什么才是最重要的呢？是“博谋”。换句话说，就是将事情做好的思维方法。

放眼这个世界，不成功的人属于多数。是什么东西妨碍了多数人成功呢？说到底，是许多人的思想方法错误，最后导致结果错误。我们每个人在思想上都有许多盲点，一旦进入这些盲点，就会沉迷其中，不能自拔，总认为自己走的路是正确的，而看不到旁边还有许多条平坦的大道，结果就在错误的路上越走越远。而走出思想盲点，则需要正确的方法。《说文》释谋说：“虑难曰谋”。所谓聪明的人或者成功者，就是那些可以使自己尽快脱离思维盲点的人。

对于灰尘，人们首先想到的是用“吹”的方法，就是用机器把灰尘吹跑。1901 年，在英国伦敦火车站举行了一次公开表演。当“吹尘器”在火车车厢里启动时，灰尘被吹得到处都是，漫天飞扬，使人睁不开眼，喘不过气。当时在参观者当中有一个叫郝伯·布斯的技师，他心想：吹尘不行，那么反过来吸尘行不行？他决定试一试。回家后他用手帕蒙住口鼻，趴在地上用嘴猛烈吸气，结果地上的灰尘都被吸到手帕上来了。试验证明，吸尘的方法比起吹尘来要高明得多。于是利用真空负压原理制成的电动吸尘器就在这一年诞生了。

無咎檝檝梗梗所以立功孜孜淑淑所以保終（不撓不屈）

道非志弗見故絕嗜禁欲務語揔以勉人之志志無滲漏即為体道之君子矣

本德宗道章

夫志心篤行之術長莫長於博謀安莫安於忍辱先莫先於修德樂莫樂於好善神莫神於至誠明莫明於體物（清明在躬志氣如神）吉莫吉於知足苦莫苦於多願悲莫悲於精散病莫病於無常短莫短於苟得幽莫幽於貪鄙孤莫孤於自恃危莫危於任

所以，当我们做事情没有做对时，不要抱怨周围的环境和条件，首先要检讨自己的思想方法对不对头。凡遇事，多转换几种思维的角度，多从别人那里听取建议，在比较中选择正确的方法，这就叫“博谋”。

【原典】安莫安于忍辱。

注曰：“至道旷夷，何辱之有。”

王氏曰：“心量不宽，难容于众；小事不忍，必生大患。凡人齐家，其间能忍、能耐，和美六亲；治国时分，能忍、能耐，上下无怨相。如能忍廉颇之辱，得全贤义之名。吕布不舍侯成之怨，后有丧国亡身之危。心能忍辱，身必能安；若不忍耐，必有辱身之患。”

【解译】一个人心态平和、不为世俗利诱所动，就叫作“安”。《周书》里说：“好和不争曰安。”心态平和的最高境界是什么呢？那就是忍辱。

中国人常讲“士可杀不可辱”，什么都可以忍，连杀头也没有关系，只有侮辱不可以忍，可见“忍辱”之难。

宋代大文豪苏东坡，对佛学很有研究。他被贬官之后，与佛印禅师关系很好，经常向他请教佛法。有一天，苏东坡参禅打坐，觉得自己好像开悟了，于是写了一首偈颂：“稽首天中天，毫光照大千，八风吹不动，端坐紫金莲”。苏东坡很得意，马上派人过长江把偈颂送给佛印禅师看。佛印禅师不愧是大师，一看就知道苏东坡自以为了不起，实际并没有真正证悟。于是便在偈语后面批了“放屁”两个字，叫人带回去。

苏东坡一见，火冒三丈。他认为，这个偈颂这么好，怎么能用这样粗鲁的语言来侮辱人呢？这还了得！他立刻过长江找佛印禅师评理。佛印禅师知道他的来意，就迎上前来，笑嘻嘻地说：“八风吹不动，一屁过江来。”苏学士惭愧得无言以对。

连东坡先生这么大学问、这么高境界的人也看不开此节，更何况我们。但中国还有一句俗语叫“小不忍则乱大谋”，没有忍耐，什么事情都不能成就。百丈禅师曾说：“烦恼，以忍辱为菩提。”菩提就是觉醒，就是清净心。惟有能忍，心才能清净，始终都不会失去自我，才能将所有的精力集中于你的事业。

历史上，越王勾践，卧薪尝胆，终于复国；韩信忍受胯下之辱，成就了伟业之后，衣锦还乡，还请当年侮辱了他的人来喝酒；司马迁忍受宫刑之辱，用毕生写就《史记》这一千古绝唱……古往今来，哪一位成功者没有在“忍辱”二字上下过苦功夫？这就叫“忍辱负重”，忍辱并不代表无能，也不是懦弱，而是从心底沉静中流露出来的大智慧。今天的忍辱，是为了明天能够更好地负重。

有一首忍辱歌说得好：“忍耐好，忍耐好，忍耐二字无价宝，一朝之仇不能忍，斗胜争强祸不少。身家由此破，性命总难保。逞财势，结怨仇，到了后来不得了。让人一步又何妨？量大胸大无烦恼。”

【原典】先莫先于修德。

注曰："外以成物，内以成己，此修德也。"

王氏曰："齐家治国，必先修养德行。尽忠行孝，遵仁守义，择善从公，此是德行贤人。"

【解译】无论是做人还是做事，第一位的是修养德行，要努力让自己成为一个道德高尚的人。

是什么造就了成功的人、成功的事业？是心！成功由心造！成功的人，首先他拥有一颗成功者的心，心大，才能事业大。也就是说，一个人要想成功，首先要在心里做个圣人，然后才能在社会上取得大成就。

1979年，诺贝尔和平奖授予了一个修女，她就是特雷莎修女。特雷莎修女生于塞尔维亚，早年在英国接受教育，服务于印度，她所赚得的每一分钱，都给了穷人。她一辈子不穿鞋，她认为她服务的印度人民太苦，穿上鞋和他们的距离就远了。戴安娜王妃访问印度，接见过特雷莎，事后她对随行人员说："我很惭愧，在和特雷莎握手的时候，我发现她没有穿鞋，而我却穿着白色高跟鞋。"南斯拉夫爆发内战，在战区有许多可怜的妇女和儿童逃不出来，特雷莎毅然孤身走进战区，双方一听特雷莎在战区里，马上停火，特雷莎带着妇女和儿童离开战区后，双方再次开火。

特雷莎修女心里装的不是自己，而是贫苦大众的利益，她的追求就是大众的追求。拥有如此德心的人，她不会因为自己不穿鞋而感到惭愧，也不会因为炮火纷飞而感到恐惧。

社会上许多人可能认为，是一个人的才能使事业成功。这只是事物的一个方面。古人认为：德才兼备是圣人，有德无才是君子，有才无德是小人，无德无才是愚人。其实人的才能就像是一种武器，而人的德行就是把握这种武器的能力。有德之人使用武器，无德之人则被武器使用，到头来反而会伤害自己。真正的武林高手，并不在于他的武器好坏，而在于他运用武器的能力，摘花飞叶，皆为利器。

【原典】乐莫乐于好善，神莫神于至诚。

注曰：“无所不通之谓神，人之神与天地参，而不能神于天地者，以其不至诚也。”

王氏曰：“疏远奸邪，勿为恶事；亲近忠良，择善而行。子胥治国，惟善为宝；东平王治家，为善最乐。心若公正，身不行恶；人能去恶从善，永远无害终身之乐。

复次，志诚于天地，常行恭敬之心；志诚于君王，当以竭力尽忠。志诚于父母，朝暮谨身行孝；志诚于朋友，必须谦让。如此志诚，自然心合神明。”

【解译】人世间最大的快乐就是帮助别人，让别人因为我们而有所得；而人世间最大的智慧则来自至诚，让自己的心灵宁静坦荡、虚灵不昧。

什么是快乐？不同的人有不同的回答。词典上说快乐就是满足与幸福。大哲学家康德则认为，快乐是我们的需求得到了满足。还有的人说快乐是一种刺激，是财富、成功、鲜花和荣誉……其实真正的快乐是一种心境、一种情绪。

在人们定义的六种人类普遍情绪中，有四个都是消极的，包括生气、恐惧、厌恶、悲伤，有一种是中性的——惊讶，只有快乐一个是积极的。但可惜的是，快乐的感觉不像消极情绪，会持续存在，它短暂即逝，张爱玲有句名言：短短的快乐哄着人忍受长长的一生。大约正是因为快乐是短暂的，所以才值得我们努力去追求。

怎样才能得到快乐呢？快乐只是一种感觉，与金钱、地位、学问统统没有关系，只要感觉对了，快乐遍地都是，快乐不需要寻找、不需要创造，只需要发现。而且快乐是等值的，只要是快乐，就没有高低贵贱之分，美国总统的快乐与一个中国打工者的快乐是一样的。

在得到快乐的所有方法中，帮助别人是最容易得到快乐的。美国一家心理学杂志发表了一个大型心理问卷的调查结果，发现乐于助人的人明显比不乐于助人的人快乐。其实不仅是人，研究发现，在灵长目动物中都有一种利他的本性。还是让我们听从心灵、本性的召唤，帮助别人，快乐自己。

得到快乐，不但要有帮助别人的仁德之心，还要有真诚的态度。如果事事从自己考虑，即使帮助别人也存有私心的话，得到的快乐也是虚假的。

俗话说："心诚则灵。"一个人如果将真诚做到极致，那就是"至诚"，即极真诚的相信与极认真的服从，就是专一的信仰，它的力量胜过人世间的任何技能或努力。因此，精诚之心才是人们走向成功的真正要诀。

【原典】明莫明于体物。

注曰："《记》云：'清明在躬，志气如神。'如是，则万物之来，其能逃吾之照乎！"

王氏曰："行善、为恶在于心，意识是明，非出乎聪明。贤能之人，先可照鉴自己心上是非、善恶。若能分辨自己所行，善恶明白，然后可以体察、辨明世间成败、兴衰之道理。

复次，谨身节用，常足有余；所有衣、食，量家之有、无，随丰俭用。若能守分，不贪、不夺，自然身清名洁。"

【解译】灵台清明、虚灵不惑之人，在于能观察事物、探究规律、洞明事理、练达人情，但最关键的还在于能了解自我的内心，认识自己。

这个世界有无数的机会，发财的机会、出名的机会、成功的机会……都等着你去发现。但能不能把握住机会，就看你的造化了。我们都有烧开水的经历，当水沸腾以后，水蒸气一定会顶着壶盖跳动，这个现象自从人类会烧开水时就存在，恐怕有好几千年了，人们都熟视无睹。但只有一个人对这个现象"体物"最深，他就是英国的瓦特，并由此发明了蒸汽机，开创了工业革命。

成功并不需要多么高深的知识，而更多在于对事物的观察，如果我们能发现事物之间细微的差别，那就是机会。比尔·盖茨在创办微软公司时，脑子里的电脑知识并不比当时同专业的人更多，但他对电脑的理解，却比别人更深。他以这种理解作为逻辑线，并将所学到的知识合理贯穿，最终创造了一个电脑王国的奇迹。

如果将比尔·盖茨的成功比作一串糖葫芦，而将我们的大脑比喻成水果店，知识和经历就是各色水果，我们和盖茨都是水果店的老板。从道理上说，我们每个人的大脑中所装的知识和经验，完全有可能做出比盖茨更大的一串糖葫芦，甚至可以创办几个微软那样的公司，或者，获得几次诺贝尔奖，为什么我们没有呢？

原因就在于，我们没有比尔·盖茨手里的那根竹签，有了这根竹签，他可以随意将店中的水果串在一起，这么一串就是微软，如果那么一串也许就是别的什么了。相反，我们经常守着自己的水果却无计可施。

而这根竹签就来自于对某事物深刻的“体物”、深刻的理解，把握住了规律，洞明了事理，就找到了这根竹签。想成功的人，去寻找属于自己的那根竹签吧。

知道别人都知道的，那叫学习；知道了别人不知道的，那就叫创造。

【原典】吉莫吉于知足。

注曰：“知足之吉，吉之又吉。”

王氏曰：“好狂图者，必伤其身；能知足者，不遭祸患。死生由命，富贵在天。若知足，有吉庆之福，无凶忧之祸。”

【解译】老子说：“祸莫大于不知足；咎莫大于欲得。故知足之足，常足。”意思是说：祸患没有大过不知满足的了；过失没有大过贪得无厌的了。所以知道满足的人，永远都会觉得满足并快乐着。

其实“知足常乐”的道理并不深奥，为什么许多人做不到呢？那是因为我们都有攀比心，看别人的房子多大、看别人的钱有多少、看别人的老婆有多漂亮……人生的苦恼，有一大半都来自这种攀比心。

想想真是很傻，在与别人的比较中，我们得到了什么？得到的只有苦闷、烦恼、患得患失，以及一身的疾病。美国斯坦福大学医学院曾对“贪得无厌”者和“知足常乐”者各一百名进行随访调查，得出结论是，“知足常乐”者长寿率明显高于“贪得无厌”者，比例为10∶6，患病率也为3∶7。

实际上，广厦千间，夜眠七尺；珍馐百味，不过一饱。人生所需，其实甚少。

近代的弘一法师，淡泊名利享受，随缘而安。一条毛巾用了十八年，破破烂烂的；一件衣服穿了好多年，补了再补。有人劝他说：“法师，该换新的了。”他却说：“还可以穿用，还可以穿用。”出外行脚，住在小旅馆里，又脏乱、又窄小，臭虫又多，有人建议说：“换一间吧！臭虫那么多。”他说：“没有关系，只有几只而已。”平常下饭的菜只有一碟萝卜干，他还吃得很高兴，有人不忍心地说：“法师！太咸了吧！”弘一大师恬淡知足地说：“咸有咸的味道。”

一个有悟境的人，早已超然物外，不受物质的丰足或缺乏所系缚，贫穷不以为苦，富裕也不以为乐，觉得这样也好，那样也不错。不管物质好坏，境遇顺逆，精神一样愉快、安详。

但“知足常乐”并不是停止不前，没有追求，而是要我们放下心里太多的包袱，以一种赞美的态度、祥和的心境，去欣赏每一天的生活。

【原典】苦莫苦于多愿。

注曰：“圣人之道，泊然无欲。其于物也，来则应之，去则无系，未尝有愿也。古之多愿者，莫如秦皇、汉武。国则愿富，兵则愿疆；功则愿高，名则愿贵；宫室则愿华丽，姬嫔则愿美艳；四夷则愿服，神仙则愿致。然而，国愈贫，兵愈弱；功愈卑，名愈钝；卒至于所求不获而遗恨狼狈者，多愿之所苦也。夫治国者，固不可多愿。至于贤人养身之方，所守其可以不约乎！”

王氏曰：“心所贪爱，不得其物；意在所谋，不遂其愿。二件不能称意，自苦于心。”

【解译】人生之苦，皆源自欲望太多、贪婪过度，没有得到的想得到，已经得到的又盼望更多。所谓辛苦者，即是心苦。《楚辞·离骚》有言：“众皆竞进以贪婪兮，凭不猒乎求索。”王逸注：“爱财曰贪，爱食曰婪。”

佛教说人生有八苦：生、老、病、死、爱别离、怨长久、求不得、五阴盛。而这八苦统统出自欲念，贪得无厌，永不知足。为此，佛陀说了几十年的法，目的只有一个，那就是帮助人们解脱烦恼，脱离欲海，告诉人们一个最简单解脱道理：“有求皆苦，无求乃乐。”对于身外之物，来就来，去就去，无须牵挂，不值得为之大喜大悲。

《红楼梦》中跛足道人唱一首《好了歌》："世人都晓神仙好，惟有功名忘不了！古今将相在何方？荒冢一堆草没了！世人都晓神仙好，只有金银忘不了！终朝只恨聚无多，及到多时眼闭了。世人都晓神仙好，只有娇妻忘不了！君生日日说恩情，君死又随人去了。世人都晓神仙好，只有儿孙忘不了！痴心父母古来多，孝顺儿孙谁见了？"

甄士隐是聪明的读书人，而且有家破人亡的经历，一听就懂了，接着就为《好了歌》作了这篇解注：

陋室空堂，当年笏满床，衰草枯杨，曾为歌舞场。

蛛丝儿结满雕梁，绿纱今又糊在蓬窗上。

说什么脂正浓，粉正香，如何两鬓又成霜？

昨日黄土陇头埋白骨，今宵红灯帐底卧鸳鸯。

金满箱，银满箱，展眼乞丐人皆谤。

正叹他人命不长，哪知自己归来丧！

训有方，保不定日后作强梁。

择膏粱，谁承望流落在烟花巷！

因嫌纱帽小，致使锁枷杠，昨怜破袄寒，今嫌紫蟒长。

乱哄哄，你方唱罢我登场，反认他乡是故乡。

甚荒唐，到头来都是为他人作嫁衣裳！

这二首歌词虽然有些消极，却也反映出了人生的某些真谛，足可为世间贪婪者戒。要记住：圣人之道，无欲则刚。

【原典】悲莫悲于精散。

注曰："道之所生之谓一，纯一之谓精，精之所发之谓神。其潜于无也，则无生无死，无先无后，无阴无阳，无动无静。其舍于神也，则为明、为哲、为智、为识。血气之品，无不禀受。正用之，则聚而不散；邪用之，则散而不聚。目淫于色，则精散于色矣；耳淫于声，则精散于声矣。口淫于味，则精散于味矣；鼻淫于臭，则精散于臭矣。散之不已，岂能久乎？"

王氏曰："心者，身之主；精者，人之本。心若昏乱，身不能安；精若耗散，神不能清。心若昏乱，身不能清爽；精神耗散，忧悲灾患自然而生。"

【解译】中医讲人有七情志：喜、怒、忧、思、悲、恐、惊，悲哀就是其中之一。俗话说"哀莫大于心死"，为什么呢？

中医里讲的"精"是构成人生的基本要素，是宇宙当中的某种"精微物质"。它有两个来源：一是来自我们的先天，二是来自我们每天的饮食，即为水谷之精。打个比方，精就好像是一种原材料，比如粮食就是一种原材料，它可以加工产生食物、药品、酒精、化工产品等。精这种原材料也可以产生出气、血、津液等人身的必需品。

我们身体平常得到精，就把它贮藏起来，就好像工厂囤积原材料一样，等身体有需要的时候，再把它加工成产品。精和气，是一种东西的两个方面，在身体里面流动着的，就叫作气，而贮藏不动的就叫作精。

悲哀是一种情绪，但它却牵涉全身的运作。中医讲忧悲伤肺，伤肺则气消，气消则心虚，心虚则更悲。看看，这就成了一个恶性循环。你十分悲痛的时候，身体里的气就被大量消耗掉了，当你痛哭的时候，会上气不接下气。

气不足的时候怎么办？当然要生产出更多的气进行补充。用什么来生产呢？当然是用精这种原材料来生产。如此一来，原材料就会不足了，悲则精散。

精散会有什么后果呢？《灵枢·本神》说：“五脏主藏精者也，不可伤，伤则失守而阴虚；阴虚则无气，无气则死矣。”另一方面，精有安神的作用，中医讲“积精全神”。精散则神不安，六神无主，想做什么都做不来了。

要想成就一番事业，首先要有一个好身体。养生的第一步是“保精养生”。《类经》中说：“善养生者，必定其精，精盈则气盛，气盛则神全，神全则身健，身健则病少，神气坚强，老而益壮，皆本乎精也。”

【原典】病莫病于无常。

注曰：“天地所以能长久者，以其有常也；人而无常，不其病乎？”

王氏曰：“万物有成败之理，人生有兴衰之数；若不随时保养，必生患病。人之有生，必当有死。天理循环，世间万物岂能免于无常？”

【解译】“无”就是没有，“常”就是固定不变；“无常”就是没有固定不变的意思；也就是说：一件事情或一个物体，是不会永远保持同样的状态而不起变化的。

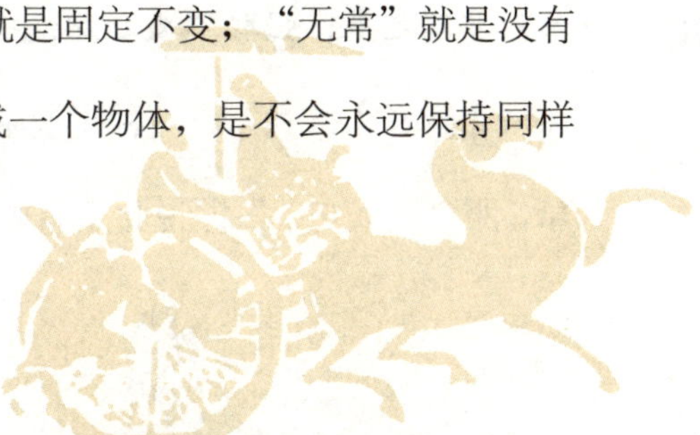

前些年有一本畅销书——《谁动了我的奶酪》，就说了这样一个道理：世上唯一不变的是变化。其实这个道理太简单了，在《孙子兵法》中就反复说到“兵无常势，水无常形”，中医也讲“病无常形，医无常方，药无常品”，强调的都是变化，《金刚经》也说：“过去心不可得，现在心不可得，未来心不可得。”只是我们自己没有好好读懂前人的思想，盲目去崇拜别人。

但“无常”只是从哲学的角度讲才有意义，任何一个事物，在它没有发生根本变化之前，还是有一种相对固定的状态，否则我们就不可能认识这个世界。比如人的疾病，在它没有发生变化的时候，我们是可以认识并治疗的。如果一种病变化很快，不断恶化，预后肯定不良，这就是要命的病。

同理，在事物没有变化之前，它总有自身的规律，无论做事做人，都要遵循这些规律，才能事事顺利。如果非要强行打破它，就会受到规律的惩罚。澳大利亚本来没有野兔，第一批到达的西方人带来了兔子，结果兔子在这里几乎没有天敌，很快泛滥成灾，到今天人们也没有非常好的治理方法。

【原典】短莫短于苟得。

注曰：“以不义得之，必以不义失之；未有苟得而能长也。”

王氏曰：“贫贱人之所嫌，富贵人之所好。贤人君子不取非义之财，不为非理之事；强取不义之财，安身养命岂能长久？”

【解译】“苟”是一种传说中的草，名为“苟草”。《山海经》里说“苟草，服之美人色。”据说此草有媚人的功能，故又称“媚草”。从记载中看，这是一种很美的草。但后来有些不正经的人，认为此草性淫，故有“苟合”“苟且”“不光彩”“不正大光明”一类意思出现。

“短莫短于苟得”这句话有三层意思：

其一，使用不光彩、不正大光明的手段，得到了不该得到的东西。比如像今天的贪污、受贿等行为，那些钱财本来不属于你，是不义之财，这就叫“苟得”。再比如说，有一姑娘不爱你，你却以非常手段得到了她，可她终身也不会爱你，这也叫“苟得”。凡是“苟得”的东西，早晚都会失去。《大学》里说：以悖逆的方式得到的，也会以同样的方式失去。

其二，因为贪占便宜，没有长久眼光，因小失大，而得到的东西，也叫“苟得”。也就是我们日常所说的“贪小便宜吃大亏”。水葫芦是 1901 年作为一种花卉引入我国，20 世纪 60 年代作为猪饲料被推广种植，后逸为野生，最终出现今天几乎不可收拾的局面；20 世纪 60 年代我国曾从美国引种大米草，致使鱼虾及贝类等水产品受到毁灭性打击。

《圣经》里说了这样一件事：雅各和以扫是亚伯拉罕的两个儿子，雅各是次子，但是非常有心机，喜欢自己安静地待在家里。而以扫是长子，受到亚伯拉罕的赏识，并且具有“长子继承权”，他喜欢在外打猎。一天以扫打猎回来非常的口渴，这时候雅各正好做好了一锅红豆汤，以扫要雅各给他一碗红豆汤解渴，雅各借此机会向以扫“买”到了“长子继承权”。一碗红豆汤换走了继承权，属于典型的“小不忍乱大谋”。

其三，安于现状，不思进取，看不到危机的存在，这种现象也可以叫

"苟得"，即为"苟且偷生"之意。

【原典】幽莫幽于贪鄙。

注曰："以身殉物，过莫甚焉。"

王氏曰："美玉、黄金，人之所重；世间万物，各有其主，倚力、恃势，心生贪爱，利己损人，巧计狂图，是为幽暗。"

【解译】最让人鄙视的人性，莫过于贪婪。所以佛教力教人们克服三大苦因，而"贪"则是首因。因为一有贪婪之心，整个人就会变得品德鄙陋，目光短浅。原本应该是明亮的心灵，也会变得幽暗起来；原本很有希望的事业，也会被断送。

明朝首辅大臣严嵩，在嘉靖四十四年（公元 1564 年）被削籍为民，家产尽抄。如果追究严嵩之败，关键就在一个贪字。史书记载，严嵩父子均是"贪鄙"之人，那么严嵩究竟有多少钱呢？据《世宗实录》记载："金三万二千九百六十两有奇，银二百二万七千九十两有奇，玉杯盘等项八百五十七件，玉带二百余条，金厢玳瑁等带一百二十余条，金厢珠玉带绦环等项三十三条、件，金厢壶盘杯箸等项二千八十余件，龙卵壶五把，珍珠冠等项六十三顶、件，府第房屋六千六百余间，又五十七所，田地山塘二万七千三百余亩……"那是相当的有钱。

也许是应了那句老话：以悖逆的方式得到的，也会以同样的方式失去。严嵩被削职后只得在祖坟旁搭一茅屋，寄食其中，晚景非常凄凉。8 年后严嵩在孤独和贫病交加中去世。他死时穷得买不起棺木，也没有吊唁者。是“贪鄙”毁了他一生，其实“贪鄙”不知道曾经毁了多少人，直到今天，我们还在时时与“贪鄙”做斗争。

【原典】孤莫孤于自恃。

注曰：“桀纣自恃其才，智伯自恃其疆，项羽自恃其勇，高莽自恃其智，元载、卢杞，自恃其狡。自恃，则气骄于外而善不入耳；不闻善则孤而无助，及其败，天下争从而亡之。”

王氏曰：“自逞己能，不为善政，良言傍若无知，所行恣情纵意，倚著些小聪明，终无德行，必是傲慢于人。人说好言，执蔽不肯听从；好言语不听，好事不为，虽有千金、万众，不能信用，则如独行一般，智寡身孤，德残自恃。”

【解译】如果世界上只有你和你的影子，那是多么可怕的事。恃才自傲的人，最后的下场往往就是“茕茕孑立，形影相吊”。

凡有才华的人，最容易犯的错误就是自傲，认为自己无所不能，看不见别人的长处，也听不进别人的意见，一意孤行。结果是将周围其他有才干的人都赶跑，自己成了孤家寡人，孤陋寡闻、只能孤芳自赏，那就离失败不远了。

据史书记载，中国第一暴君商纣王是一个特别有才的人，他力大无比，几乎无人能及，能够轻易托梁换柱，倒拽九牛，徒手与野兽搏斗。不仅如此，纣王还天赋聪颖，才思敏捷，口齿伶俐，能言善辩。但是令人遗憾的是，他的聪明才智却没能用到正地方，结果落个自焚而亡的下场。

隋炀帝杨广也是这样一个人，他年少好学，尤善诗文，著有文集55卷。开皇元年(公元585年)，只有13岁的杨广就被封为晋王，并做了并州的总管，拱卫京城。随后，杨广亲自率军统一国家，并组织修建畅通国脉的京杭大运河，还亲自开拓疆土畅通丝绸之路、开创科举、修订法律等。

与商纣王一样，炀帝也不免犯有恃才自傲、我行我素的毛病，在缺少道德监控和自我约束的前提下，他做出了大逆不道、弑父篡位之举。成为皇帝后，他又过度沉迷于享乐之中，无心治国，走上了荒淫无道、自取灭亡的不归路。

所以古人总结说：自满者败，自恃者孤。因为自恃者的心里，只有他们自己，再也装不下任何人。想想，又有谁愿意搭理这种人？

【原典】危莫危于任疑。

注曰："汉疑韩信而任之，而信几叛；唐疑李怀光而任之，而怀光遂逆。"

王氏曰："上疑于下，必无重用之心；下惧于上，事不能行其政；心既疑人，勾当休委。若是委用，心不相托；上下相疑，事业难成，犹有危亡之患。"

【解译】"任疑"是管理的大忌，一方面被用者因为"任疑"，时时处于危险之中；另一方面，任用者因为"任疑"，事事不得利。所以"任疑"者，百害而无一利，损人不利己，祸国而殃民。

明代的崇祯皇帝，为了剿灭李自成、张献忠等农民军，先用杨鹤主抚，后用洪承畴，再用曹文诏，再用陈奇瑜，复用洪承畴，再用卢象升，再用杨嗣昌，再用熊文灿，又用杨嗣昌等。13 年中换了 9 个人，最后还是被李自成逼得上吊自杀了。为什么呢？就因为崇祯皇帝疑心太重，用一个疑一个，多方掣肘，使这些将领的才能难以得到发挥。

唐建中四年（公元 783 年），泾原朱泚兵变，唐德宗跑到奉天避难。此时大将李怀光奉旨率军救驾，在奉天解围中发挥过重要作用。可是唐德宗却听信宰相卢杞、度支使赵赞、神策军使白志贞等奸佞的谗言，命怀光乘胜追击朱泚，收复长安，不许率部到奉天见天子。结果又逼反了李怀光。

【原典】败莫败于多私。

注曰：“赏不以功，罚不以罪；喜佞恶直，党亲远疏；小则结匹夫之怨，大则激天下之怒，此多私之所败也。”

王氏曰：“不行公正之事，贪爱不义之财；欺公枉法，私求财利。后有累己、败身之祸。”

【解译】凡是在事业上有过挫折的人，不要怨天尤人，最好回头检讨一下自己，你的失败很可能是因为你的自私。

一位信徒来找先知伊利亚，想知道天堂与地狱的区别。但先知并没有直接回答他，而是将他领到了一个大厅里。大厅里挤了许多人，有穷人也有富人。大厅的中央有一个熊熊燃烧的火堆，上面吊着一个沸腾的大汤锅。

汤锅周围拥挤着面黄肌瘦的人，每个人都努力想确保自己得到一份汤。这位信徒发现，这里的每个人都拿着一个跟自己身体一样长的大铁勺子，长勺很长、很沉也很烫，尽管勺里装了汤，也无法将汤吃到嘴里。于是这些人互相责骂，甚至用长勺互相殴打。先知伊利亚对信徒说：“看到了没有？这就是地狱！”于是他们又走进了另外一个大厅，这里也坐了许多人，而且大厅中央也有一个沸腾的汤锅，每个人的手里也都拿着同样一把长勺。但跟刚才那个大厅里的人不一样，这里的人总是两人一组合作：其中一人舀汤喂另一个人，另一个人吃饱后，再舀汤喂他的伙伴。若是其中有一个人拿不动那重勺，便会有另外两个人过来帮忙。先知伊里亚对信徒说：“这就是天堂！”

天堂与地狱的区别竟然是如此的简单：自私与无私。“私”犹同“食色”一样，原本就是人的天性，这也无可厚非。关键是自私也要有个限度，超过了限度就是“多私”，就会什么也得不着。癌细胞是最自私的，它原本需要寄主提供源源不断的食物，结果它只顾自己，不顾一切而自私自利地发展繁殖，直至最终杀死寄主。因此，癌细胞实际上也是在自杀。

在一个平衡的生态中，要想实现“自私”的目的，就需要有某种的利他行为，如果你能将这种利他行为发挥到极致，你的利益也就最大化了。老子从哲学的高度，从“正言若反”的角度，说出了另外一个真理：“夫惟不私，故能成其私。”

遵义章

注曰：“遵而行之者，义也。”

王氏曰：“遵者，依奉也。义者，宜也。此章之内，发明施仁、行义，赏善、罚恶，立事、成功道理。”

【解译】“义”是一种做人做事的方法、技巧，也可以说是一种规律。而评论“义”与“不义”的标准只有一个，那就是“做人做事是否让人感觉舒服”。如果一个人说话、办事，时时让周围的人感到很舒服，那他一定能成就大事业。相反，让人不舒服的人和事，谁都不愿意去理他。

“遵义章”从反面来讲“义”在生活中的实际应用，总结出了四十六种可能给自己带来灾祸的行为、习惯。它就像是一面镜子，时常照照自己，可以使我们更好地“三省吾身”。

【原典】以明示下者暗。

注曰：“圣贤之道，内明外晦。惟，不足于明者，以明示下，乃其所以也。”

王氏曰：“才学虽高，不能修于德行；逞己聪明，恣意行于奸狡，能责人之小过，不改自己之狂为，岂不暗者哉？”

疑敗莫敗於多私。

此章言本必本德宗必宗道恭非志心篤行者不能体道合德中間言言與繫

遵義章

義者人之所宜賞善罰惡以立功立事惟遵義則事功不暴否則其弊立見矣

以明示下者闇。有過不知者蔽。迷而不返者惑。以言取怨者禍。令與心乖者廢。後令繆前者毀。怒而無威者犯。好衆辱人者殃。戮辱所任者危。慢其所敬者凶。貌合心離者孤。親讒遠忠者亡。

【解译】暗有昏昧、愚蠢的意思，历史上常将昏君称为暗主，《荀子》说：“上暗则政险”。经常在下级面前展示自己聪明才智的领导人，是愚蠢的。

中国人历来讲究中庸，做事要适度，不说过头话，也不做过头事，处处为别人留有余地。知道故宫有多少间房子吗？有九千九百九十九间半，就是不敢满万，这就是留有余地。因为中国人从观察大自然中得到了一条真理：老则衰、极则反、满则损。残缺就是美的，花好月圆是危险的。《菜根谭》中说：天道忌盈，业满招损。事事留个余地，便是老天也不能忌我，鬼神也不能损我。若业必求满，功必求盈者，不生内变，必召外忧。

领导本来就所处位势较高，若再加上聪明绝顶，那就更吓人了。因为自认为聪明的领导，一般犯两个毛病，一是听不进不同意见，总认为自己是正确的，刚愎自用；二是不相信别人，在工作上事必躬亲。

领导自认为聪明，下属就不能充分展现自己的聪明才智，不敢发表不同的意见，工作起来就不会有归属感，而且时时会有如芒在背的感觉，让人很不舒服。“上天有好生之德”，即使你的智慧稍高于别人，也一定要给智慧不如你的人留下空间，这样大家才好一起做事。

所以，聪明的领导在做人上一定要学学老子的“大智若愚”，内明外晦。智慧是个好东西，但也要慎用之，一定要把它当宝贝一样深藏于心，在合适的地方、合适的时机下使用，而千万不要将它当枪来使，否则就是聪明反被聪明误了。

晋国岁饥，盗贼蜂起。当国者荀林父四处求贤，终于找到一位叫郤雍的高手，据说此人曾经在街上闲逛时，忽然指着一个人说“这是小偷”，抓来一拷问，果然是小偷，这便证明了郤雍的反扒经验相当丰富。荀林父问：“你怎么知道他是小偷？”他说：“我观察这人眉宇之间的神色，他看周围的东西显得贪婪；看周围的人显得羞愧；看到我便感到恐惧，由此判定他是小偷。”荀林父钦佩不已，马上命郤雍缉盗。郤雍每天要抓数十人，监狱人满为患，导致满城恐慌，结果小偷越来越多。

大夫羊舌职对荀林父说：“元帅派率郤雍四处缉盗，盗贼没抓完，恐怕他死期就要到了。”荀林父很吃惊，问：“怎么回事？”羊舌职说：“以他一人之力，不可能查出所有盗贼，而合群盗之力，却可以轻易对付郤雍，那不是死定了吗？”没过三天，郤雍行于郊外，被数十盗贼合力攻之，割其头而去。

清代大画家郑板桥有句名言：难得糊涂！不是不聪明，而是聪明以后应该有的境界。心中有大理想的人，自然对枝节杂碎不屑一顾，只为全局负责，最终才能成为中流砥柱。

【原典】有过不知者蔽。

注曰：“圣人无过可知；贤人之过，造形而悟；有过不知，其愚蔽甚矣！”

王氏曰：“不行仁义，及为邪恶之非；身有大过，不能自知而不改。如隋炀帝不仁无道，杀坏忠良，苦害万民为是，执迷心意不省，天下荒乱，身丧国亡之患。”

【解译】有了过错而不自知的人，是最愚蠢的人。如果将过错、缺点当成优点，那就不仅仅是愚蠢，而且是可怜之人了。

“人非圣贤，孰能无过”，就连大圣人孔子，也常常为自己的过失而苦恼。他曾说：“加我数年，五十以学《易》，可以无大过矣。”如果再给我几年时间，从五十岁开始学习《易经》，就可以无大过了。所以在孔子的眼里，最让他赞赏的品德就是知错能改、闻过则喜。颜渊是孔子七十二弟子中最聪明的一位，但是令孔子最念念不忘的，却是他“不迁怒，不贰过”的品性。

在我们每天的工作生活当中，几乎天天都有过错发生，有些小过错是很难察觉的，尤其是那些习惯性的过错更容易被忽略。概括起来有三大类：

1. 口过：说了不该说的话，即为口过。宋代司马光五岁时。想弄开一个胡桃皮，怎么弄也弄不开，恰好有一婢女，用热水将皮泡开。家里有人问他，他回答说：“我自己弄开的。”正好司马光的父亲在旁边，看到了整个经过，就责备他说：“你这个小子，怎么能说假话呢？”司马光非常惭愧，终身再也不敢说假话。

2. 身过：做了不该做的事，或者行止不端，即为身过。宋代有个人叫徐积，著有《节孝集》三十卷。此人初见老师安定先生时，头容稍偏。安定先生厉声说：头容要直。徐积即刻领悟到：头容要直，心才能直。

3. 心过：心里动过不该动的念头，即为心过。佛教说：一念一乾坤，一念为善，天地增加正气；一念为恶，天地增加戾气。要想无过，就要去除任何邪念。

过错就如同谎言一样，如果不及时纠正，那就只有用更多的过错来掩盖。1986 年底“伊朗门事件”在公众面前曝光，媒体揭露了美国总统里根的代表曾经秘密向伊朗伊斯兰教什叶派领袖霍梅尼出售武器。里根的第一反应不是改过，而是尽量进行遮掩，他首先把责任推到国家安全助理头上，看着躲不过去，又把责任推卸给白宫办公厅主任唐纳德·T·里甘。里根的做法导致他在数个月中惨遭媒体围攻，并由此导致了国会调查。最终，4 个月之后，在民意测验显示他的支持率降低 20 个百分点的情况下，他才承认了错误。

知过改过，看破放下。用坦荡的心，去迎接明天新的太阳。

【原典】迷而不返者惑。

注曰：“迷于酒者，不知其伐吾性也。迷于色者，不知其伐吾命也。迷于利者，不知其伐吾志也。人本无迷，惑者自迷之矣！”

王氏曰：“日月虽明，云雾遮而不见；君子虽贤，物欲迷而所暗。君子之道，知而必改；小人之非，迷无所知。若不点检自己所行之善恶，鉴察平日所行之是非，必然昏乱、迷惑。”

【解译】纷乱的尘世常常让人迷惑，能够像屈原那样“世人皆醉我独醒”的人，少之又少，绝大多数人迷者自迷，成天被多欲、多念所左右，头重脚轻，不知道自己在做什么，也不知道自己真正想要什么。

智慧不足，迷于局。成功者能准确把握时局，而不被形势所左右；失败者相反，常常错误判断形势，迷而不知，一错到底。抗日战争时期的汪精卫，就是错误判断了当时的抗日时局，结果成了汉奸，落个千古骂名。

心性不定，迷于物。人的心性就如同一棵树苗，需要不断地修剪、约束，它才会长成参天大树，否则就会是棵歪脖树。所以，凡是把持不了自己，追随自己喜好的人，最终都会一事无成。

春秋时，卫国的卫懿公特别喜欢鹤，整天与鹤为伴，如痴如醉，常常不理朝政，为了养鹤，每年耗费大量资财，引起大臣不满，百姓怨声载道。公元前 659 年，北狄部落侵入国境，卫懿公命军队前去抵抗。将士们气愤地说："既然鹤享有很高的地位和待遇，现在就让它去打仗吧！"懿公没办法，只好亲自带兵出征，与狄人战于荥泽，由于军心不齐，结果战败而死。

春秋时，晋国公子重耳逃亡齐国，齐王将女儿齐姜嫁给了他，又给了他很高的待遇。重耳因此迷恋上流亡生活，想老死齐国，而忘记了他重振晋国的责任。齐姜曾劝他"怀与安，实败名"，但他就是不听。随从都没有办法，还是齐姜想了个主意，将重耳灌醉，把他弄出了齐国。重耳回到晋国后，中兴晋国，成了春秋五霸之一，他就是晋文公。

所以古人总结说：玩物则丧志，玩人则丧德。

自我膨胀，迷于己。有些人在事业上做出了一点成绩，立刻就飘飘然，自我那颗心无限膨胀，结果把自己弄丢了，完全被自己迷惑了。此时的人，不像是正常人，都有些疯狂。前几年有位县法院的院长，面对中央电视台的镜头大言不惭："我是上管天，下管地，中间管空气。"可见这人的膨胀程度。

史玉柱的巨人集团在鼎盛的时候轰然倒地，结束了一个神话。虽然巨人倒塌的原因有很多，但史玉柱本人及团队自我膨胀导致的盲目扩张，才是最根本的原因。幸好他现已总结教训，华丽转身。

【原典】以言取怨者祸。

注曰：“行而言之，则机在我，而祸在人；言而不行，则机在人，而祸在我。”

王氏曰：“守法奉公，理合自宜；职居官位，名正言顺。合谏不谏，合说不说，难以成功。若事不干己，别人善恶休议论；不合说，若强说，招惹怨怪，必伤其身。”

【解译】现在铺天盖地的广告，已经把“谨言慎行”“沉默是金”等古训丢到了太平洋中，人们推崇的是自我推销，满大街嚷嚷：快来瞧，快来看……而忘了言多语失、祸从口出，三国时的祢衡就是一个很好的例子：

祢衡颖悟过人，所见过目不忘。才思敏捷，下笔即成佳作。但他过于恃才傲逸，狂放不羁，个性张扬，锋芒毕露，不知韬晦隐忍，逢迎附和，看见不如自己的人，理都不理。除了他自己，别人都是“衣架、饭囊、酒桶、肉袋”，尤其是那张嘴，对人往往“臧否过差”，“人皆以是憎之”。

孔融把祢衡推荐给曹操，希望曹操能够任用祢衡。谁知祢衡却不领情。他不但托病不见曹操，而且出言不逊，把曹操臭骂了一顿。曹操对孔融说：

"祢衡这个小子，我要杀他，不过像宰一只麻雀或老鼠一样罢了！只是想到此人一向有些虚名，杀了他，远近的人会说我无容人之量。"于是他想了个借刀杀人的法子，强行把祢衡押送到荆州，送给荆州牧刘表。刘表也烦他，但没有杀他，把祢衡打发到江夏太守黄祖那里去了。因为他知道黄祖性情暴躁，其用意显然也是借刀杀人。

到了江夏，祢衡还是老样子。有一次黄祖在战船上设宴会，祢衡的老毛病又犯了，竟当着众宾客的面，尽说些刻薄无礼的话！黄祖呵斥他，他还骂黄祖这个"死老头，你少啰嗦！"当着这么多的人面，黄祖哪能忍下这口气，于是命人把祢衡拖走，吩咐将他狠狠地杖打一顿。祢衡还是怒骂不已，黄祖于是下令把他杀掉。黄祖手下的人对祢衡早就憋了一肚子气，得到命令，便立时把他杀了。

最冤的是汉末蔡邕，他被董卓重用，后来董卓被杀时，他只是叹了一口气，被一边的王允听到了，勃然叱之曰："董卓国之大贼，几倾汉室。君为王臣，所宜同忿，而怀其私遇，以忘大节！今诛有罪，而反相伤痛，岂不共为逆哉？"结果他也被杀了，仅仅因为叹了一口气。

【原典】令与心乖者废。

注曰："心以出令，令以心行。"

王氏曰："掌兵领众，治国安民，施设威权，出一时之号令。口出之言，心不随行，人不委信，难成大事，后必废亡。"

【解译】命令的制定必须要代表民心、民意，而命令的执行则要出于真心实意，如果二者相悖，则万事难成。

有令不行，有禁不止，一般出于两种原因：其一是领导者不能以身作则。这种领导在单位里是没有权威的，而他的政策、制度也没有人会认真执行。

中国历来有特权阶层，他们既是政策法令的制定者，又是执行者，但他们本身却不受约束。有个贪官被判刑时说：“官做到我们这一级，也就没有人管了。”这是一句非常深刻的话，它反映的是一个阶层的心理，不管他是当官，还是搞企业，到了一定的位置，自然都会有这种的心理。

一般来说，一个单位下面出了问题，根子一定在上面，这是千古不易的道理。领导要求别人做到的，自己必须首先做到，而且还要更加严格，否则就犯了“己所不欲，勿施于人”的老毛病。在美国，一般人的婚外恋那是“隐私”，而总统的婚外恋就叫“政治丑闻”，克林顿差点因为这点跌下总统的宝座。

其二是命令本身不代表大家的利益，没有执行的基础。孟子曾说过：民为重，社稷次之，君为轻。这绝不是政治口号，而是官民博弈后的经验之谈。不论单位大小，政策制度必须代表民心、民意，否则就是自取灭亡。

东汉末年，王莽篡政后实施了经济改革政策，但这些政策因为失去了民心，最后还是失败了。比如说，他在上台的第二年，发行了五物、六名、二十八品的新货币。所谓五物，是指金、银、铜、龟、贝；六名指金货、银货、钱货、布货、龟货、贝货；二十八品即钱货六品，金货一品，银货二品，龟货四品，贝货五品和布货十品。由于这种货币制度过于复杂，人们使用起来很不方便，所以在实际交易时，还多半使用原来的五铢钱，因违反货币管制命令而被治罪的，数不胜数，造成了社会的大动荡。

【原典】后令缪前者毁。

注曰：“号令不一，心无信而事毁弃矣！”

王氏曰：“号令行于威权，赏罚明于功罪，号令既定，众皆信惧，赏罚从公，无不悦服。所行号令，前后不一，自相违毁，人不听信，功业难成。”

【解译】当领导的人，最忌讳的就是朝令夕改，变来变去，弄的底下人无所适从，进而就会怀疑领导的权威与能力。

任何制度在推行之前，一定要谨慎；公布后，除非必要做某种程度的更改，否则一定要保持。朝令夕改的领导，在心理上是不成熟的表现，要么是太过刚愎自用，要么就是一种极度的自卑心理。但不论是哪一种情况，政令不统一或者朝令而夕改，都会使此前的努力、目标遭遇重大损失。

1940 年 5 月 10 日清晨，德军 136 个师在 3000 多辆坦克引导下，绕过马其诺防线，仅 10 多天时间，德国装甲部队就横贯法国大陆，直插英吉利海峡岸边。40 多万英法联军开始全部集中向敦刻尔克撤退。而德国军队则从西、南、东三个方向向敦刻尔克步步紧逼，德军最近的坦克离这个港口仅 10 英里。可就在此时，德军装甲兵司令古德里安却接到了希特勒停止进攻的命令，几十万德国大军，围着一个小小的港口，不知道应该怎么办。

英国人利用这道令后世历史学家百思不得其解的命令，在短短 10 天时间，把 34 万大军从死亡陷阱中拯救出来，为盟军日后的反攻保存了大量的有生力量，创造了二战史上的一个奇迹。

【原典】怒而无威者犯。

注曰："文王不大声以色，四国畏之。故孔子曰：不怒而威于呋钺。"

王氏曰："心若公正，其怒无私，事不轻为，其为难犯。为官之人，掌管法度、纲纪，不合喜休喜，不合怒休怒，喜怒不常，心无主宰；威权不立，人无惧怕之心，虽怒无成，终须违犯。"

【解译】凡是当领导的，都希望自己的权威足足的，在单位里说一不二，备受敬仰。但如何才能具备权威？却是个大学问。有的领导经常发怒，却没有人怕他，反而弄得一点威信都没有，这样一来，以下犯上的事就会越来越多。

《淮南子》里说，领导权威最高的境界有三："不言而信，不施而仁，不怒而威。"还没有说话，大家却都相信了；还没给好处，大家却都感觉到了恩泽；不用发怒，大家都承认权威的存在。为什么能做到这三点呢？那是因为领导有一颗仁爱之心，绝对的公正、无私，始终抱着让大家各有所得的信念，也就是说有一颗"天心"。这种领导是真正的"内圣外王"，可惜的是，这种人可能几百年才能出一个。

领导权威次高的境界也有三："施而仁，言而信，怒而威。"给了好处，大家才感受到恩德；信誓旦旦，大家才相信他说的话；发了怒，大家才感觉到领导权威的存在。这种领导是绝大多数，当然能做到这三点也不容易，因为他们有一颗进取之心，想把事情做成、做好，而且能够真诚地对待人。

领导权威最下的境界也有三：“施而不仁，言而不信，怒而不威。”即使给了好处，大家都不领情，吃着肉骂着娘；即使说破了嘴皮子，也不能取信于民；即使整天怒气冲冲，却一点权威都没有。这种领导为数也不少，尤其是中国体制内的领导。这种领导空有一个架子，却没有什么内涵。

因此领导权威的根本在于内心的素质。所谓的素质，指的是心有多大，心里能装下全人类的人，不怒而威；心里只有一个单位利益的人，怒而威；心里只有自己，或者只有家人的人，怒而不威。

【原典】好众辱人者殃。

注曰：“己欲沽直名而置人于有过之地，取殃之道也！”

王氏曰：“言虽忠直伤人主，怨事不干己，多管有怪；不干自己勾当，他人闲事休管。逞著聪明，口能舌辩，伦人善恶，说人过失，揭人短处，对众羞辱；心生怪怨，人若怪怨，恐伤人之祸殃。”

【解译】做人、做领导，首要的一条是要尊重别人，对犯错误的属下，批评要就事论事，不要侮辱别人的人格，否则会被记恨一辈子，自取殃祸。

宋代释普济《五灯会元》中有这样两句话：“利刀割肉疮犹合，恶语伤人恨不销。”这是生活经验的总结，棒打皮痛，话打骨痛。有一则寓言，很能说明这个道理：

一头熊在与同伴的搏斗中受了重伤，它来到一位守林人的小木屋外乞求得到援助。守林人看它可怜，便决定收留它。晚上，守林人耐心地、小心翼翼地为熊擦去血迹、包扎好伤口，并准备了丰盛的晚餐供熊享用，这一切令熊无比感动。

临睡时，由于只有一张床，守林人便邀请熊与他共眠。就在熊进入被窝时，它身上那难闻的气味钻进了守林人的鼻孔。

“天哪！我从来没闻过这么难闻的味道，你简直是天底下第一大臭虫！”熊没有任何回答，当然也无法入眠，勉强挨到天亮后向守林人致谢上路。

多年后一次偶然相遇时，守林人问熊：“你那次伤得好重，现在伤口愈合了吗？”熊回答道：“皮肉上的伤痛我已经忘记，心灵上的伤口却永远难以痊愈！”

佛教说，由人口舌造的业有：妄语、两舌、恶口、绮语。恶口者，就是说话凶暴，恶语伤人，如刀如剑，令人难受。也许是出于对恶口的特别痛恨，人们造了一个拔舌地狱，凡是犯恶口者，死后都要下拔舌地狱，小鬼掰开来人的嘴，用铁钳夹住舌头，生生拔下，非一下拔下，而是拉长、慢拽，然后用钉钉住，以示惩戒。

前面说到三国时的祢衡，恶语伤人成性，他的被杀，从人性上来说是必然之事，曹操不杀，刘表不杀，但早晚会有人杀了他，辱人者，自取其辱。

【原典】戮辱所任者危。

注曰："人之云亡，危亦随之。"

王氏曰："人有大过，加以重刑；后若任用，必生危亡。有罪之人，责罚之后，若再委用，心生疑惧。如韩信有十件大功，汉王封为齐王，信怀忧惧，身不自安；心有异志，高祖生疑，不免未央之患；高祖先谋，危于信矣。"

【解译】作为一个领导，最难的事还是用人，用好一个人，大事可成，如刘备用诸葛亮，终成鼎足之势；用错一个人，万事皆休，如唐玄宗用安禄山，终有安史之乱，大唐帝国由盛而衰。所有侮辱、迫害自己所用之人，历史上都没有好下场。

明代大将袁崇焕，镇守宁远，炮伤努尔哈赤，杀悍将毛文龙，率师解北京之危，有大功于国。后金行反间计，明思宗疑其通敌，将他下狱，次年被冤杀。历史上，类似的事件绵绵不绝，几乎都出于一个"疑"字。

其实，从人性的角度来看，不要一味强调"用人不疑"，恰恰相反，凡用人者均"疑"，越是关系身家性命，越是责任重大的岗位，越是身处疑地。一个投资人，将上亿的资金交给他人管理，怎能够没有"疑"？

有疑并不可怕，可怕的是用"疑心"来防"疑"，那是越防越乱。要用制度来防"疑"，让疑人者、被疑者同受某种制度的约束，用制度相互保证安全，这才是上策。比如说，皇帝的安全一直就是封建王朝最关心的问题，历来都是由羽林军负责，这样一来，历代羽林军的统领都身处“疑地”。怎么办呢？唯一的办法是分权，将禁卫的责任分散，如唐初禁卫就有十二卫之多；而每一卫又分左右二部分，如左右金吾卫、左右监门卫和左右千牛卫，相互监督。

【原典】慢其所敬者凶。

注曰：“以长幼而言，则齿也；以朝廷而言，则爵也；以贤愚而言，则德也。三者皆可敬，而外敬则齿也、爵也，内敬则德也。”

王氏曰：“心生喜庆，常行敬重之礼；意若憎嫌，必有疏慢之情。常恭敬事上，怠慢之后，必有疑怪之心。聪明之人，见怠慢模样，疑怪动静，便可回避，免遭凶险之祸。”

【解译】从天道循环的角度看，这个世界是公平的，你怎么对待它，它就怎么对待你。这是真理，也是天道。无论你有多大的本事，都不可能扭转这一规律。比如说，当你随意侮辱了一个人，无论你官有多大，都不可能阻止对方在心里痛恨你。

孔子曰：“君子有三畏，畏天命，畏小人，畏圣人之言。”天命就是天道，是人力不可扭转的规律，故需敬之；小人就是芸芸小民，他们可载舟覆舟，也须礼敬；圣人就是古代先贤圣哲，他们的思想永放光芒，更需敬之。其实除了这些，人应该敬畏的东西还有许多，敬畏那些对我们有恩的一切事物，自然、父母、亲朋、老师、规则、法律……敬畏让我们谦恭，让我们的心胸博大。

1945 年，当纳粹德国撤退巴黎之时，希特勒曾下令炸毁塞纳河上所有桥梁。但是德军总司令面对着与巴黎城市浑然一体的这些桥梁，违抗了军令。同样，当盟军进攻德国时，许多城市被炮火所毁，唯独海德堡幸免于难，原因是那里有“出此校门，便无学问”的海德堡大学，那是诞生过无数科学家、哲学家和文学家的学府。出于对文明的共同敬畏，人们放下了手中的屠刀。

人如果失去了敬畏之心，在他们的脸上就只有放肆、邪恶、虚伪和鲁莽。第二次世界大战时，欧洲 600 万犹太人被纳粹杀害。因为纳粹已经失去了对生命的敬畏，所以才变得那般邪恶，最终只能灭亡。同样，自从工业革命之后，人类失去了对自然的敬畏，妄自尊大，大肆掠夺、破坏，造成全球气候剧变，严重威胁到人类的生存。

但“敬畏”的本身并不是一条限制人的规则，不是要人们去墨守成规，它是做人做事应有的态度。即使想突破圣人之言，制度创新，也要对以前的成果抱有敬畏之心。彻底的否定、纯粹的破坏，都是鲁莽的。

【原典】貌合心离者孤。

王氏曰：“赏罚不分功罪，用人不择贤愚；相会共间，虽有恭敬模样，终无内敬之心。私意于人，必起离怨；身孤力寡，不相扶助，事难成就。”

【解译】领导者最大的悲哀，就是他的团队貌合神离，同床异梦，大家各有各的小算盘。这样的领导其势必孤，其力必散，什么事也做不成。

如今，员工集体跳槽已经不再是新闻了，方正集团的助理总裁周险峰携30位方正科技PC部门的技术骨干加盟海信，TCL手机事业部高层受集体跳槽到长虹，牛根生在伊利“下岗”之后打造出了一个更大的蒙牛……我们不去评论这些人出走以后的结果，但对于原企业而言，这些“貌合神离”的跳槽，足以引起巨大的动荡。

然而，对于那些将“最亲密的朋友”，变成“最危险的敌人”的老东家们，更应该思考的是集体跳槽背后的原因：是公平、公正出了问题，还是自我人格魅力有了缺陷。

团结就是力量，此言近似真理。古人云“三人同心，其利断金”，不论你有天大的本事，离开了一个同心同德的团队，也就只好“空悲切”了。所谓事业的大小，说穿了就看你能团结多少人。

【原典】亲谗远忠者亡。

注曰：“谗者，善揣摩人主之意而中之；而忠者，推逆人主之过而谏之。谗者合意多悦，而忠者逆意者多怨；此子胥杀而吴亡；屈原放，而楚灭是也。”

王氏曰：“亲近奸邪，其国昏乱；远离忠良，不能成事。如楚平王，听信费无忌谗言，纳子妻无祥公主为后，不听上大夫伍奢苦谏，纵意狂为。亲近奸邪，疏远忠良，必有丧国、亡家之患。”

【解译】谗言是小人的专利，忠言是正直者的墓碑。其实，哪一个领导都知道“亲谗远忠”的后果，可就是做不到，历史上因此而败亡的人数不胜数。而小人历来被人们痛骂、鄙夷，可他们却常常能够活得很滋润，一个个都得志起来。

如此说来，领导与小人之间好像天然有某种亲缘关系，往往一拍即合。这其实就是人性中的供需关系。

小人好浮夸，善于溢美之词。汉代刘向曾说：“小人之言，多而虚。”意思是：这类人巧言善辩，夸夸其谈，尽说好听的。而有些领导，恰好有点好大喜功的毛病，喜欢听顺耳的，谁愿意成天“良药苦口”呢？于是谗言者专攻这些弱点，往往说到对方的心坎里。一个喜欢听，一个喜欢说，供需平衡，自然市场广大。

其次，谗言者还有一个通病，那就是贪功委过。什么好事都往自己身上揽，什么坏事都往外面推，并不厌其烦地夸大自己的成就。而许多领导人都有些官僚思想，容易被迷惑，结果小人就得志了。一个官僚成性，一个善于钻营，也是某种供需关系。

【原典】近色远贤者昏。

王氏曰：“重色轻贤，必有伤危之患；好奢纵欲，难免败亡之乱。如纣王宠妲己，不重忠良，苦虐万民。贤臣比干、箕子、微子，数次苦谏不肯；听信怪恨谏说，比干剖腹、剜心，箕子入官为奴，微子佯狂于市。损害忠良，疏远贤相，为事昏迷不改，致使国亡。”

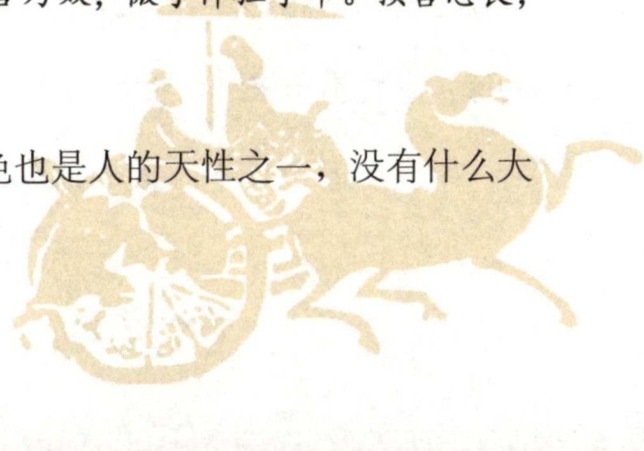

【解译】夫子说“食色性也”，好色也是人的天性之一，没有什么大

惊小怪的。关键在于把握好尺度，君子好色而不乱，好色而不迷。

中国的史官历来有为君王讳的传统，将君主治理失败的责任推给女人，这是其中的一种表现。于是，历史上就有了许多因色而误国的所谓教训，可笑的是，有些无聊的文人还津津乐道。

商纣王宠爱妲己、周幽王烽火戏诸侯就不用说了，南朝陈后主宠信美女张丽华与孔贵人，直至亡国，在南京留下胭脂井的风流遗迹。司马炎后宫两万多美女，每日乘羊车游园，住在车停处的美女那里，害得美女们在门口放些青草引诱那拉车的羊。还有明末李自成抢了陈圆圆，激得吴三桂“冲冠一怒为红颜”。

其实，国破家亡干女子何事？即使有因色误国者，那也是因为自己把持不住，同样不干女子事。

中唐以后，武则天将李氏宗亲都流放了，其中就有后来的中宗李显。中宗这个人非常软弱。在患难中，每当中宗陷入绝望之中时，都是他的皇后韦氏给他以力量和信心；每次武则天派人来访，都由韦后出面周旋打点，韦后的伶牙俐齿，使他们渡过了不少难关，因而中宗对韦后十分感激。他曾握住韦后的手立誓说：“异时若复得见天日，唯汝所欲，不相禁止。”

韦后是极有野心、权力欲极强的女人，中宗复位后每次上朝，韦后都坐在他身后的帷幔中，如同当年高宗李治和武则天一样。大臣桓彦范上书劝谏，李显不予采纳，韦后便开始大肆干预朝政。

所以“近色”不应该受指责，但“远贤”那就大大不对了。明朝崇祯皇帝不近色，但远贤了，同样是国破家亡。

【原典】谒渴公行者乱。

注曰：“如太平公主，韦庶人之祸是也。”

王氏曰：“后妃之亲，不可加于权势；内外相连，不行公正。如汉平帝，权势归于王莽，国事不委大臣。王莽乃平帝之皇丈，倚势挟权，谋害忠良，杀君篡位。侵夺天下。此为女谒公行者，招祸乱之患。”

【解译】“谒”的本意是禀告、陈述，就是发表自己的意见。唐代有一种诗，叫“干谒诗”，就是为推销自己而写的诗作，相当于现在的自荐信，只是更加有文才。比如，唐代诗人朱庆余，在临考前给张籍写了一首七言绝句：“洞房昨夜停红烛，待晓堂前拜舅姑。妆罢低眉问夫婿，画眉深浅入时无？”此诗借新婚之后的情事，把自己比喻成即将拜见公婆的新媳妇，把张水部比喻成公婆，探听虚实，真是太有才了。

女子议论朝政大事，就称为“女谒”，如果意见被采用了，就叫“女谒公行”，意思是：大事不好了，女人干预朝政了！

黄石公毕竟是秦末汉初之人，出于当时的社会礼法，对女人的歧视是难免的。客观地说，在中国2000多年的封建社会里，女人丁预朝政或者外戚干预朝政的时候并不多，最突出的大约只有汉代、唐代、清代的一段时间。比如说，唐代就有多名妇女冲击过朝政：武则天、太平公主、上官婉儿、韦后等，但她们的时间都不长，多数的暴政还是由男人们造成的。

【原典】私人以官者浮。

注曰："浅浮者，不足以胜名器，如牛仙客为宰相之类是也。"

王氏曰："心里爱喜的人，多赏则物不可任；于官位委用之时，误国废事，虚浮不重，事业难成。"

【解译】设官任职，必须出于公心，这样才能网罗天下人才，共同完成大业。一个朝代或者一个单位，如果出现任人唯亲，那就是走向下坡的开始，整个事业的根基就出了问题，政治腐败、社会动荡就会随之而来。

从历史上讲，"私人以官"的现象在中国是很普遍的，因为皇家的特产就是官职，除了正常的任命之外，还有很大的通融余地，想给谁就给谁。再加上中国人重情，当官的一动感情，就会把官职当礼品送给别人，而不考虑这个人是否是块当官的料。

还有一条，中国人在骨子里就有占山为王的"封建割据"的情结，每一位当官的，都有山大王心理，每到一处，总是会精心培植自己的势力圈子。这样一来，顺我者当官，逆我者靠边，"唯才是举"一般很难做到。

在官场上，最下作的就是买官鬻爵，将官职当商品，就跟萝卜、白菜一个样，公开叫买，这样的吏制就跟洪水猛兽差不多了。

晋武帝司马炎在南郊祭时，感觉很不错，就问随行的左右："我可以和汉代的哪个皇帝相比较啊？"校尉刘毅是个直性人，回答说："可比汉代的灵帝和恒帝。"司马炎听了后不以为然说："我虽然德行不是很高，但总比他们要强点吧。”刘毅说：“这两位皇帝都卖官鬻爵，但是他们将卖官得的钱都入了国库，可陛下您呢，将卖官的钱都装进了自己的腰包，从这点上看，您还不如他们呢。”

【原典】凌下取胜者侵。

王氏曰：“恃己之勇，妄取强胜之名；轻欺于人，必受凶危之害。心量不宽，事业难成；功利自取，人心不伏。霸王不用贤能，倚自强能之势，赢了汉王七十二阵，后中韩信埋伏之计，败于九里山前，丧于乌江岸上。此是强势相争，凌下取胜，返受侵夺之患。”

【解译】在自然界中，由于地势的不同，会形成一个水压差，造成水向下流。在社会中，由于地位的不同，会形成职位上的差别，造成上级不好的情绪向下宣泄，这就是以势压人，以权欺人。如果遇到这样的领导，下属肯定会怀恨在心。

如果一个单位上下关系紧张，大家离心离德，原因肯定在领导。《孟子》里说：“君之视臣如手足，则臣视君如腹心；君之视臣如犬马，则臣视君如国人；君之视臣如土芥，则臣视君如寇仇。”因为下级是没有理由，也没有资格与领导闹不团结的，那不是老鼠戏猫，自讨死路吗？

【原典】名不胜实者耗。

注曰：“陆贽曰‘名近于虚，于教为重；利近于实，于义为轻。’然则，实者所以致名，名者所以符实，名实相资，则不耗匮矣。”

王氏曰：“心实奸狡，假仁义而取虚名；内务贪饕，外恭勤而惑于众。朦胧上下，钓誉沽名；虽有名、禄，不能久远；名不胜实，后必败亡。”

【解译】滚滚红尘中，大家匆匆忙忙干的事只有两个目的，一为名，一为利。要么因名博利，先成名后取利；要么因利成名，先得利后成名。人们总是想将好事占尽，名利双收。

在这股大潮中，大家也发现了一个现象：大凡迅速成名的人，几乎都是短命的，各领风骚只几年。为什么呢？名与实不符。许多人事后证明都是徒有虚名，弱小的身躯根本撑不起那顶大帽子，最后被压趴下了。

历史上，名与实相符，可以成就大事，如三国时期的诸葛亮，刘备三顾茅庐请他出山，冲着就是他的名。但名与实不相符，则可杀人。《三国演义》第九十五回：“司马懿回到寨中，使人打听是何将引兵守街亭。回报曰：‘乃马良之弟马谡也。’懿笑曰：‘徒有虚名，乃庸才耳！’”结果有了诸葛亮“挥泪斩马谡”。

战国时，秦国和赵国因为争夺上党地区，发生了战争。赵国先派廉颇与秦军对峙，后来中了秦国的反间计，派著名将领赵奢的儿子赵括领兵出战。这个赵括喜欢纸上谈兵，而且在当时颇有些虚名，但就是没有实际带兵经验，典型的名实不符。

当得知赵括为将，蔺相如就对赵王说：“赵括只懂得读父亲的兵书，不会临阵应变，不能派他做大将。”甚至连赵括的母亲也找到赵王说：“他父亲临终的时候再三嘱咐我说：赵括把用兵打仗看作儿戏似的，谈起兵法来，就眼空四海，目中无人。将来大王不用他还好，如果用他为大将的话，只怕赵军断送在他手里。”赵王不听，依然用赵括为大将。结果他带领的四十万大军战败，被秦将白起坑杀。

【原典】略己而责人者不治。

王氏曰：“功归自己，罪责他人；上无公正之明，下无信、惧之意。赞己不能为能，毁人之善为不善。功归自己，众不能治；罪责于人，事业难成。”

【解译】有一种领导最让下级看不起，那就是贪功委过。单位里一旦出了问题，领导会把自己的责任推得一干二净，而对别人的问题，会拿放大镜去看。遇上这样的领导，还是走为上策，因为这个单位是搞不好的。

无论任何单位，都有一条潜规则：出了问题总是要有追究者的，一旦你成为问题的追究者，也就获得了责任豁免权。只追究别人的责任却不需要为自己的过失承担责任。那么一般由谁来追究责任呢？肯定是领导。所以，领导有天然的免责权，如果自己再主动委过，那面目就可憎了，而属下早晚都会成为“替罪羊”。

用羊替罪的习俗来自古犹太教。古犹太人把每年的七月十日定为“赎罪日”，并在这一天举行赎罪祭祀。仪式通常是这样的：通过拈阄决定两只活公羊的命运，一只杀了作祭典，另一只由大祭司将双手按在羊头上宣称，犹太民族在一年中所犯下的罪过已经转嫁到这头羊身上了。接着，便把这头替罪羊放逐到旷野上去，即将人的罪过带入无人之境。最后，再把那赎罪的羊烧死。

严于律己，宽以待人，无论何时，都应该成为领导者的座右铭。

【原典】自厚而薄人者弃废。

注曰："圣人常善救人而无弃人；常善救物而无弃物。自厚者，自满也。非仲尼所谓：'躬自厚之厚也'。自厚而薄人，则人才将弃废矣。"

王氏曰："功名自取，财利己用；疏慢贤能，不任忠良，事岂能行？如吕布受困于下邳，谋将陈宫谏曰'外有大兵，内无粮草；黄河泛涨，倘若城陷，如之奈何？'吕布言曰'吾马力负千斤过水如过平地，与妻貂蝉同骑渡河有何忧哉？侧有手将侯成听言之后，盗吕布马投于曹操，军士皆散。吕布被曹操所擒，斩于白门。此是只顾自己，不顾众人，不能成功，后有丧国，败身之患。"

【解译】把什么好事都揽在自己怀中，享受在前，吃苦在后，而对下属的利益不管也不顾，甚至百般限制。这样的领导，终究会被下级唾弃。

吕布被困下邳的时候，有人对他说："现在情况很不好，外面有大军围困，城内又无粮草，如今黄河水又在猛涨。城破之日该怎么办呢？"吕布说："我的赤兔马，驮上千斤过河如履平地，我和妻子貂蝉骑马渡河而去，有什么发愁的？"听听，这叫什么话。一个大将，弃自己的部下于不顾，只考虑自己如何逃生。结果，吕布的一个手下，偷走了赤兔马投了曹操，其他的人一听这话，一哄而散。吕布顿时成了光杆司令，被曹操擒杀。

【原典】以过弃功者损。

注曰：“措置失宜，群情隔息；阿谀并进，私徇并行。”

王氏曰：“曾立功业，委之重权；勿以责于小过，恐有惟失；抚之以政，切莫弃于大功，以小弃大。否则，功恕过，则可求其小过而弃大功，人心不服，必损其身。”

【解译】赏功罚过，是领导手中的两件宝。用得好，可以激励员工工作热情；用不好，就是祸乱的根源。怕就怕领导有功不赏，专盯人的小毛病，一有小过则重罚。跟着这样的领导，不会有好果子吃。

三国时的张飞被属下在一个黑灯瞎火的夜晚暗杀了，原因就是赏罚不公，小过而重罚，积怨太深。相反，赏罚适当，则事半功倍。

有一天，某工厂男浴室屋顶灯泡坏了，浴室里一片漆黑，工人们都吵吵起来。厂里通知电工去换，但谁也不去，领导发话了：“谁去换灯泡，给 100 元。” 一会儿浴室顶上七个灯泡全换好了。厂长说道：“这笔钱从集体奖金中扣。”同时，他做了一个规定，以后公共场所灯泡坏了，假如电工们不去换而别人去换，那么换一个灯泡就拿 100 元奖金，这笔钱一律从电工组奖金里扣。从此，再没发生过黑灯瞎火的事情。

凡有大功，后来被小过重罚者，那就不属于管理的范畴了，几乎都是政治阴谋，如历史上的“杯酒释兵权”“火烧庆功楼”等。

【原典】群下外异者沦。

注曰：“人人异心，求不沦亡，不可得也。”

王氏曰：“君以名禄进其人，臣以忠正报其主。有才不加其官，能守诚者，不赐其禄；恩德爱于外权，怨结于内；群下心离，必然败乱。”

【解译】一个单位里，如果职工有意见，不能向上直接反映，而是向外宣泄，甚至到处告状，这说明上下离德，这个单位就危险了。如果问题不解决，早晚会沦亡的。《淮南子》说：众人相助，虽弱必强；众人相去，虽大必亡。

白菜总是从心里往外坏，一个组织也一样，怕就怕内部不团结。能够打倒一个组织的，只能是组织自己，而不是外部的势力。中国历史上曾经被无数边北族外侵，政权被改变了许多次，但中国这个社会组织却一直超级稳定，始终打而不倒，败而不亡。中华文化，就像一块磁石一样，无论在什么情况下，都能将风雨飘摇的社会紧紧吸附在一起。

“群下外异”的极端就是众叛亲离，如果当领导当到这份上，那就没有救了。春秋时，卫国的公子州吁，有些气力，也喜欢打仗。他见哥哥桓公是个老实人，就把卫桓公杀了，自己做了卫国国君。他也知道这个王位来的不正当，害怕别人反对他，所以就到处发动战争，卫国人把他恨透了。鲁国的国君隐公听到这些情况后，问大夫众仲说：“州吁这样干，能长久得了吗。”众仲回答说：“众叛亲离，难以济矣。”结果没到一年，卫国的老臣石醋，借陈国之力，把州吁杀了。

【原典】既用不任者疏。

注曰：“用贤不任，则失士心。此管仲所谓：‘害霸也。’”

王氏曰：“用人辅国行政，必与赏罚、成权；有职无权，不能立功、行政。用而不任，难以掌法、施行；事不能行，言不能进，自然上下相疏。”

【解译】对有真才实学的人，顾虑重重，不用有些可惜，用又有些心理障碍，于是有些领导就采取了折中的方案——“既用不任”，就是任而不放权，扶上马还要送一程、二程，甚至有些人更过分，不得已用了人，再设置许多的限制。这样的领导最终的结果就是孤家寡人，被所用的人疏离。

春秋时的孔子，是一个比较倒霉的人，他不论去哪里，都受人尊敬，待以上宾之礼，好吃好喝，但就是没有人用他。历史上不少有才能的人，都有过被“雪藏”的经历。为什么呢？因为当领导的对有才干的人，有两种不好的心理：一是妒忌，二是恐惧。

三国时的周瑜就是一个妒忌心很重的人，诸葛亮跑到江东商议孙刘联盟，共抗曹操八十万大军。周瑜十分妒忌诸葛亮的才能，却又不得不用诸葛亮之计，所以一边用一边为难，为后人留下一幕幕精彩的好戏。

而三国时的刘表对刘备则是完全的恐惧。刘备投奔刘表，被待以上宾之礼，那个热情就甭说了。但刘表在心里却十分恐惧刘备，给了他一些兵马，让他驻扎在新野，离得远远的。当刘备打败曹操的进攻，名声大振，四方豪杰归附时，刘表的恐惧心就更加严重了，再也不听刘备的建议。

【原典】行赏吝色者沮。

注曰：“色有靳吝，有功者沮，项羽之刓印是也。”

王氏曰：“嘉言美色，抚感其劳；高名重爵，劝赏其功。赏人其间，口无知感之言，面有怪恨之怒。然加以厚爵，终无喜乐之心，必起怨离之志。”

【解译】为人应该大气，尤其是当领导的，在论功行赏的时候，千万不要小肚鸡肠，一毛不拔，否则会伤了大家的积极性。

气量的大小，有时是与生俱来的，有的人天生就吝啬。《朝野佥载》有这样一个故事：韦庄这个人读书很多，有些才气，就是吝啬得要命，每天数米做饭，称柴烧火。烤熟的肉如果少了一片，他立即就能觉察出来。当他八岁的儿子死时，妻子准备让儿子穿着平时穿的衣服下葬，韦庄却舍不得，临了还是将衣服剥了下来。又舍不得买棺材，只用一领旧席子将儿子裹了出去。到了掩埋的时候，他又舍不得席子，将席子从儿子身下撤出来。完事了，他挟着席子往回走，一边走一边哭。

项羽就是这样一个吝啬的人，他的将领跟着他东征西讨，屡建战功，可是他把刻好的印拿在手里转来转去，磨得陵角都没了，就是舍不得给人。后来他手下不少人跑去投了刘邦，自己落了个乌江自刎的下场。

更有的领导，论功行赏时都不舍得给部下一个好脸色，阴沉个脸，因为他们太心痛了。春秋时越国勾践用范蠡、文种之计，灭亡了吴国。但在大宴群臣时，勾践始终阴沉个脸。宴会结束后，范蠡说：“越王这是不想将灭吴的功劳归于臣下，看来越王是有疑心了。”第二天，范蠡辞别了勾践，驾一叶小舟，飘然而去。

【原典】多许少与者怨。

注曰：“失其本望。”

王氏曰：“心不诚实，人无敬信之意；言语虚诈，必招怪恨之怨。欢喜其间，多许人之财物，后悔悭吝；却行少与，返招怪恨；再后言语，人不听信。”

【解译】空头支票满天飞，可就是不兑现，或者许诺的多，给予的少。这种领导是拿自己的威信开玩笑。

在一家食品商店里，顾客们常常喜欢排成长队在一位售货员那里购买食品，而别的售货员却无事可做。一天，领导问受欢迎的售货员有什么诀窍。他回答说：“很简单，别的售货员在称东西的时候，总是先装得满满的，而后往外拿；而我恰恰相反，先装的少一点，过秤时添上一些，并随便说上一句：‘多送你一点儿，欢迎下次再来’，这就是我的诀窍。”

其实，每位售货员卖给顾客的东西在斤两上都是不多不少的。但是，如果装多了再往外拿，顾客会认为在他的袋子里往外拿，在心理上容易产生缺斤短两的怀疑；相反，如果先装少点，过秤的时候再往里加，顾客会对售货员产生信任感，并且还会以为自己占了便宜。

这就是著名的“阿伦森效应”，是指人们最喜欢那些对自己奖励、赞扬不断增加的人或物，最不喜欢那些显得不断减少的人或物。

“多许少与”正好与此相反，一旦承诺，即使还没有兑现，但在人们的心里，它已经是自己得到的东西，没有兑现，或者兑现不对等，人们就会感觉受到了损失。

【原典】既迎而拒者乖。

注曰：“刘璋迎刘备而反拒之是也。”

【解译】请人吃饭，客人都到了门口，又找个借口将客人赶走，这样的人最遭人恨。千方百计把人才挖了过来，又因疑心重重，不能重用，这样的领导也遭人恨。

三国时益州的刘璋，因为有张鲁的压力，自料无力对抗，所以请刘备共抗张鲁。这下可乐坏了刘备，他刚借到荆州小居，可孙权总想收回来，搞得他挺心烦。这下好了，居然有人请他入蜀。到达涪城，刘璋亲自出迎，并送给刘备四千兵及巨款。但好日子没过多久，刘璋就起了疑心，多次拒绝刘备的请求。刘备一怒之下，围困成都，刘璋投降。

战国魏人庞涓，曾与孙膑一同拜鬼谷子为师学习兵法，是师兄弟。好像庞涓先毕业，回到魏国当了大将军，很得魏惠王的信任。于是他就向魏惠王推荐了师弟孙膑，但等到孙膑来了以后，他又犯了妒忌的毛病，将孙膑施以膑刑，使其残疾。孙膑设计逃到了齐国，成了大将军，率齐军伏击了庞涓。

【原典】薄施厚望者不报。

注曰：“天地不仁，以万物为刍狗；圣人不仁，以百姓为刍狗。覆之、载之，含之、育之，岂责其报也。”

王氏曰：“恩未结于人心，财利不散于众。虽有所赐，微少、轻薄，不能厚恩、深惠，人无报效之心。”

【解译】帮人一点小忙，给人一点好处，就盼望着别人能重重回报自己，这种想法是错误的。他们不明白，知恩不报是常情，薄施厚望则有失天理。

战国时的信陵君窃符救赵，赵王设宴慰劳三军，宴席上信陵君很是得意扬扬。这时候他的门客朱亥说：“德有可忘者，有不可忘者；人有德于我，是不可忘；我有德于人，是不可不忘。”意思是：有些德是可以马上忘掉的，而有些德却需要记一辈子。别人对我有恩，我不可以忘记；我对别人有恩，最好马上忘掉。

现在许多人怨恨社会人情淡漠，好心不得好报，甚至做了好事反而成了冤家，比如说借钱给人，经常是钱要回来了，友情也没有了。其实错不在于“知恩不报”，因为这是常情。人们错在“施恩图报”的心理，老想着让人报答，反而让自己痛苦，满肚子怨气。如果把事情想开了，把帮助别人当成快乐自己的方法，就会少许多烦恼，少恩怨。

人心都是肉长的，只要你真心对别人，即使不图回报，别人也会对你真心相报。战国时晋国有个人叫豫让，最初是给范氏，然后又给中行氏做家臣，都是默默无闻。直到他做了智伯的家臣以后，才受到重用，而且主臣之间关系很密切，智伯对他很尊重。公元前453年，赵、韩、魏三家分晋共灭智氏，豫让立志为智伯报仇，刺杀赵襄子，为此，他不惜把漆涂在身上，使皮肤烂得像癞疮，吞下炭火使自己的声音变成嘶哑，他乔装打扮使自己的相貌不可辨认，沿街讨饭，就连他的妻子也不认识他了，但刺杀没有成功。

赵襄子责问豫让："您不是曾经侍奉过范氏、中行氏吗？智伯把他们都消灭了，而您不替他们报仇，反而托身为智伯的家臣。智伯已经死了，您为什么单单如此急切地为他报仇呢？"豫让说："我侍奉范氏、中行氏，他们都把我当作一般人看待，所以我像一般人那样报答他们。至于智伯，他把我当作国士看待，所以我就像国士那样报答他。"

【原典】贵而忘贱者不久。

注曰："道足于己者，贵贱不足以为荣辱；贵亦固有，贱亦固有。惟小人骤而处贵则忘其贱，此所以不久也。"

王氏曰："身居富贵之地，恣逞骄傲狂心；忘其贫贱之时，专享目前之贵。心生骄奢，忘于艰难，岂能长久！"

【解译】"苟富贵，勿相忘"，这是中国人的一个普遍心理，也是一条社会的潜规则。如果有人违反了这一规则，富贵了，有权了，就翻脸不认人，这样的人是不会长久的，早晚会被人们的口水淹死。

做人应该以厚道为上，不论地位如何变化，这个根本是不能变的。因为每个人过去岁月里经过的人与事以及积累的经验，都是财富，都值得去尊重。

晋朝时有位大臣名叫陶侃，是平民出身，后来官为都督，长江以南的地方都操纵在他手里。但他始终没有忘记自己是平民出身，每天在家里把一些陶土的砖块，搬进搬出，他说：人的地位变高了，筋骨就易于疲惫，如果安于逸乐，一旦有事，体力吃不消就会误大事了。同时他很节省，把木匠做工剩下来的竹头木屑，都留下了来，堆了几房间，人们以为他太小气了。后来发生了战争，急需用船，但当时很混乱，连造船的竹钉都没地方可买，他就把这些竹头拿出来做钉子用，及时造好了战船。

忘记了自己的过去，淡漠了曾经关心你的人，甚至背叛了帮助过你的人，这种人永远都不会走得太远。尊重过去，才能更好地前行。

【原典】念旧恶而弃新功者凶。

注曰：“切齿于睚眦之怨，眷眷于一饭之恩者，匹夫之量。有志于天下者，虽仇必用，以其才也；虽怨必录，以其功也。汉高祖侯雍齿，录功也；唐太宗相魏郑公，用才也。”

王氏曰：“赏功行政，虽仇必用；罚罪施刑，虽亲不赦。如齐桓公用管仲，弃旧仇，而重其才；唐太宗相魏征，舍前恨，而用其能；旧有小过，新立大功。因恨不录者凶。”

【解译】当领导不能气量狭小，别人对自己的不好之处，要尽快忘掉，而自己对别人的不好之处，却要时时引以为戒，尤其不能记人之过，睚眦必报。记仇不是大丈夫，记仇成不了大事业。

汉高祖打天下时，有一发小名叫雍齿，一直怀有二心，曾经几次反叛。公元前 208 年，他随刘邦起兵反抗秦王朝，秦军围攻刘邦于丰乡（沛县西），但被刘邦打败。于是命雍齿镇守此地。可是雍齿心有异动，听从魏国人周市的建议，背叛了刘邦。几经反复后，再次归向刘邦，刘邦以其立过许多战功，故未杀他。汉建立以后，刘邦听从张良的劝告，还是封了雍齿为什邡侯。

唐太宗当皇帝之前，魏征曾是太子李建成的老师，在争夺皇位的过程中，魏征帮着太子差点要了唐太宗的命。玄武门兵变之后，太宗杀李建成即皇帝位，并没有因此而痛恨魏征，仍然任命他为宰相。凡历史上成就大业者，都有这样的气量和风度。

【原典】用人不得天者殆。

王氏曰：“官选贤能之士，竭力治国安民；重委奸邪，不能奉公行政。中正者，无官其邦；昏乱、谗佞者当权，其国危亡。”

【解译】用人不能光看能力，品德、作风、人性其实更重要。如果人品不好，能力越强，危害也就越大。

历史上最不会用人的皇帝可能是光绪皇帝。清朝光绪皇帝载湉继位以后，想通过变法来增强国力，同时也摆脱慈禧太后的控制。但当时的光绪在朝廷内外根本没有势力，大权都被西太后控制着。于是，光绪皇帝只好重用有些兵权的袁世凯，希望通过他夺回政权。没想到的是，袁世凯到西太后那里将光绪的一切打算和盘托出，结果是光绪被囚禁，六君子被砍了头。

袁世凯本事倒真有些，但人品不怎么样，就是一棵墙头草，随风而倒。后来国民革命暴发，清朝又用他来对抗革命，他又拥兵自重，坐地讨价，再一次把清廷出卖了。像这种人，谁用谁倒霉。

【原典】强用人者不畜。

注曰：“曹操疆用关羽，而终归刘备，此不畜也。”

王氏曰：“贤能不遇其时，岂就虚名？虽领其职位，不谋其政。如曹操爱关公之能，官封寿亭侯，赏以重禄；终心不服，后归先主。”

【解译】用人有学问，留住想用的人更有学问。人各有志，千万不可强求，如果在价值观、奋斗目标上达不成一致，根本就留不住人才。

当年曹操很想留住关公，三天一小宴，五天一大宴，又送官职又送钱财，费尽了心机。但关公得知刘备的所在，还是封金挂印，义无反顾过五关、斩六将而去。还有，曹操大破袁绍之后，对袁绍的监军沮授的聪明才智十分看重，真想留下此人。无奈人各有志，沮授不愿降曹，盗马逃跑被发现，还是被杀了。

古人说“道不同，不相为谋”，待遇和地位并非留人的充分条件，聚集一个团队的，必须是共同的文化、共同的奋斗目标，否则就是“身在曹营心在汉”，同床而异梦。

【原典】为人择官者乱。

王氏曰："能清廉立纪纲者，不在官之大小，处事必行公道。如光武之任董宣为洛县令，湖阳公主家奴，杀人不顾性命，苦谏君主，好名至今传说。若是不问贤愚，专择官大小，何以治乱、民安！"

【解译】单位任命干部，最坏的情况就是因人设职，本来并不需要这个岗位，可是有个亲戚要当官，只好新设立一个部门，或者所用非人，导致人浮于事，到处都是吃闲饭的人。如此一来，必将导致祸乱。

历史上朝政之乱，基本上乱于四种情况：宦官、朋党、外戚、地方势力。但根本的原因却只有一个，那就是用人不当。要么是重用"私人"，如宦官、外戚之流；要么是所用非人，如朋党、地方势力之流。明熹宗用魏忠贤，属于重用"私人"，终致朝政大乱；唐玄宗用安禄山，所用非人，终有安史之乱。

汉武帝时十分宠幸李夫人，而李广利就是李夫人的弟弟。此人原无将才，只因是"私人"，汉武帝破格用为大将，率军征讨小国大宛。结果用了四年的时间，动用了十几万军队，才迫使大宛归降。等李广利班师回朝时，手下只有不到两万兵马，损失高达80%，而战果仅仅是十几匹大宛良马。汉武帝居然还很高兴，封李广利为海百侯。

【原典】失其所强者弱。

注曰："有以德强者，有以人强者，有以势强者，有以兵强者。尧舜有德而强，桀纣无德而弱；汤武得人而强，幽厉失人而弱。周得诸侯之势而强，失诸侯之势而弱；唐得府兵而强，失府兵而弱。其于人也，善为强，恶为弱；其于身也，性为强，情为弱。”

王氏曰：“轻欺贤人，必无重用之心；傲慢忠良，人岂尽其才智？汉王得张良陈平者强，霸王失良平者弱。”

【解译】凡强势领导，必有原因。有的领导因人格而强势，有的领导因得人而强势，有的领导因环境而强势。一旦失去了强势的原因，也会由强变弱。所以强与弱无定式，因时而异，因势而异，关键在于如何把握。

汉代张良，原本是跟随楚霸王项羽，后来才投奔刘邦。可以说，西汉的建立，张良有一半的功劳，在许多重大战略决策上，刘邦都是听从了张良的建议而取得胜利。刘邦曾赞其“运筹帷幄之中，决胜于千里外，子房功也”。

项羽失张良，最后只能自杀而死。刘邦得张良，终创一代伟业。因此，刘邦因得人而强，项羽因失人而弱。

近色遠賢者昬。女謁公行者亂。如世似客爲相是也私人以官者浮。淩下取勝者侵。名不勝實者耗。畧已而責人者不治。自厚而薄人者棄。如漢祖之於淮陰廢以過棄功者損。羣下外異者淪。既用不任者疎。項羽之刻印是也行賞悋色者沮。多許少與者怨。既迎而拒者乖。薄施厚望者不報。貴而忘賤者不久。念舊惡而棄新功者凶。用人不得天者殆。操用關羽終歸于劉備也彊用人者不畜。爲人擇官者亂。失其所彊者弱。決策於不仁者險。陰計外泄者敗。厚唐代早期武功赫赫，不论是对内的统一战争，还是对外的开疆拓土，大唐的铁骑都是全世界当时最强大的军队。为什么呢？因为唐代实行了府兵制，士兵平时在家务农，战时就是军队，有很强的地域性。然而，正是这种兵士强烈的地域性，后来发展成骄兵悍将的割据势力，才有了唐代长达近百年的“藩镇之乱”。

府兵这种制度，原本没有好坏之分，就看怎么来用。凡事都要因势利导，不可一成不变。用其强，守其弱。

【原典】决策于不仁者险。

注曰：“不仁之人，幸灾乐祸。”

王氏曰：“不仁之人，智无远见；高明若与共谋，必有危亡之险。如唐明皇不用张九龄为相，命杨国忠、李林甫当国。有贤良好人，不肯举荐，恐搀了他权位；用奸谗歹人为心腹耳目，内外成党，闭塞上下，以致禄山作乱，明皇失国，奔于西蜀，国忠死于马嵬坡下。此是决策不仁者，必有凶险之祸。”

【解译】领导的重要职责在于决策，但决策必以爱人为本，拿今天的话说，就是要以人为本，这样的决策才能有远见、合民意。如果决策者没有仁德之心，决策的动机不良，就是小人擅权，那样的决策就是危险的。

明代有个大宦官，名叫王振。明英宗时，受皇帝重用，独揽兵权。但王振没有一点军事才能，下令出兵麓川。王振的这一决策，完全是出于私心，他不懂军事，又怕别人说三道四所以想打个胜仗立威。结果用兵几十万，费时近十年，全国半数的收入都被用作军饷，得不偿失。后来出于同样的目的，又请求明英宗亲征北方的也先，想借皇帝之威为自己造势，结果大败，明英宗为也先所掳，他自己为乱军所杀。

【原典】阴计外泄者败。

王氏曰："机若不密，其祸先发；谋事不成，后生凶患。机密之事，不可教一切人知；恐走透消息，反受灾殃，必有败亡之患。"

【解译】"阴计"不是平常意义下的阴谋，而是指机密的计划，比如说，一个企业的营销方案，一个周密的计划，一旦外泄，损失会相当严重。商业计划如此，军事部署也如此。

第二次世界大战后期，为了打击同盟国，德国潜艇部队计划用四条潜艇偷袭澳大利亚沿海商船，以此造成混乱。这个计划本来是不错的，但由于此时德国海军的密码已经被破获，这四艘潜艇一出港，就被盟国沿途截击，还没有接近目标，就损失了三艘，只有一艘潜艇到达了目的地。再比如，日本的密电码早就被美国破译，所以日本的许多计划对美国人来说根本就没有秘密，在战场上完全掌握了主动权，美军击落山本座机一事就是一个很好的例子。

"阴计"一旦泄露，对方即可知己知彼，此时明暗已易形，强弱已易势，所以没有不失败的。

春秋时秦穆公准备派孟明偷袭郑国，可是当军队行进到延津时，却被郑国的商人弦高发现。弦高灵机一动，假装成郑国的使臣，大摆宴席欢迎秦军，他对孟明说：“我家国君已经知道将军率大军来到敝国，所以派我大老远赶来犒劳秦军。大家不要客气，放开肚皮吃啊。”孟明顿时起了疑心，驻军不前。他认为：“我们不远千里来到这里，就是想打个郑国出其不意。现在可好，郑国已经知道了我们的计划，也许已经准备了很久了。此时再按原计划进行，进攻则坚城难克，围困又兵少难继。”于是，在袭击了滑国之后，秦国大军就退了回去。

【原典】厚敛薄施者凋。

注曰：“凋，削也。”文中子曰：“多敛之国，其财必削。”

王氏曰：“秋租、夏税，自有定例；废用浩大，常是不足。多敛民财，重征赋税；必损于民，民为国之根本，本若坚固，其国安宁；百姓失其种养，必有雕残之祸。”

【解译】厚敛则民穷，民穷则国凋，古人说：“穷天下者，天下仇之；危天下者，天下灾之。”只顾自己，不顾别人，自古都是一个下场，那就是被别人抛弃。

中国文化中讲得最多的是平衡，从阴阳哲学到中庸思想。为什么呢？那是因为中国最缺少的就是平衡与中庸，真是缺什么盼什么。但从秦始皇筑长城、建阿房宫，到西太后挪用军饷建颐和园，都是“厚敛薄施”。于是，从陈胜吴广到洪秀全，总是一呼而百应。

【原典】战士贫，游士富者衰。

注曰：“游士鼓其颊舌，惟幸烟尘之会；战士奋其死力，专捍强场之虞。富彼贫此，兵势衰矣！”

王氏曰：“游说之士，以喉舌而进其身，官高禄重，必富于家；征战之人，舍性命而立其功，名微俸薄，禄难赡其亲。若不存恤战士，重赏三军，军势必衰，后无死战勇敢之士。”

【解译】游士就是说客，他们凭三寸不烂之舌，游说政客，只为博取自己的富贵，唯恐天下不乱。这种人往往朝为布衣，暮即宰相。苏秦就是一个战国时的说客，后来竟然一人身挂了六国相印。

大凡游士盛行的时代，就是机会和财富向少数人集中的时代，干活的人既贫苦，又缺少机会，用现在的话说，一线职工拿不到钱，二线人员却发了财。无论是社会还是单位，一旦出现这种情况，都是走向衰败的开始。

【原典】货赂公行者昧。

注曰：“私昧公，曲昧直也。”

王氏曰：“恩惠无施，仗威权侵吞民利；善政不行，倚势力私事公为。欺诈百姓，变是为非；强取民财，返恶为善。若用贪饕掌国事，必然昏昧法度，废乱纪纲。”

【解译】“昧”有昏暗不明，颠倒黑白之意。当一个社会行贿受贿不再隐秘，变成了一种公开的行为，在光天化日下堂而皇之地进行，那就是政治最黑暗的表现。

清代的行贿受贿就几乎达到了公开的地步，“三年清知府，十万雪花银”成了一个被认同的事实。于是，花钱买官——当官赚钱——花钱买更大的官，成了许多人仕途必由之路，搞得清顺治皇帝都要亲自开会批评：“贿赂公行，照等定价，督学之门，竟同商贾。”明朝皇帝为了禁止行贿受贿，竟将活人剥皮，内充以草，悬挂示警。

战国齐威王的时候，有两个官员引起大家的议论，一个是阿（地名）大夫，一个即墨大夫。朝里的大臣几乎都在表扬阿大夫，而批评即墨大夫。但齐威王这个人还是有主见的，他先派人暗中调查了两位官员的政绩，结果发现：即墨大夫政绩卓著，田野开辟，人民富饶，只是不善于贿赂朝里大臣，所以“毁言日至”。而阿大夫统领的地方，田荒民冻，只因他很会行贿，所以人们都说他的好话。齐威王一怒之下，将阿大夫以及说阿大夫好话的人统统放在大锅里给煮了。从此以后，行贿受贿之风被刹住了。

【原典】闻善忽略，记过不忘者暴。

注曰：“暴则生怨。”

王氏曰：“闻有贤善好人，略时间欢喜；若见忠正才能，暂时敬爱；其有受贤之虚名，而无用人之诚实。施谋善策，不肯依随；忠直良言，不肯听从。然有才能，如无一般；不用善人，必不能为善。

齐之以德，广施恩惠；能安其人，行之以政。心量宽大，必容于众；少有过失，常记于心；逞一时之怒性，重责于人，必生怨恨之心。”

【解译】作为一个领导，要懂得去欣赏人，每个人都有被欣赏之处，看到属下的优点，听到很好的建议，要闻善则喜，真心去赞美。职工最烦那种闻善不喜，记过不忘的领导，因为这种人性格里往往有很凶暴的一面。

汉代李广号称飞将军，虽勇武过人，但性格有记过不忘的残暴一面。有一次他跟别人在乡间饮酒。回来时路过霸陵亭，霸陵亭尉喝醉了酒上前呵斥李广不让通行。李广的随骑说：“这是前任的李将军。”亭尉说：“就是现任将军尚且不能夜间通过，何况是前任将军！”于是就扣留了李广等人，留宿霸陵亭下。从此以后李广怀恨在心。过了不久，匈奴人侵犯北部边界，汉武帝封李广为右北平守。李广特意请求调霸陵尉与他同行，等他一到军门，二话不说就给斩了。李广一生战功无数，但却未得封侯，王勃有诗云“冯唐易老，李广难封”，这与他为人不睦也有一定的关系。

【原典】所任不可信，所信不可任者浊。

注曰：“浊，溷也。”

王氏曰：“疑而见用怀其惧，而失其善；用而不信竭其力，而尽其诚。既疑休用，既用休疑；疑而重用，必怀忧惧，事不能行。用而不疑，秉公从政，立事成功。”

【解译】人与人的差异很大，但不可能所有的优点都集中在一个人身上，所以不论是任人做事，还是交朋友，都要区分对待。有些人用其才能，但未必要去信赖他的人品；而有些人尽可以信任他，却未必能够委以重任。一句话，让合适的人，做合适的事。

孔子曾说过：“可与共学，未可与适道。可与适道，未可与立。可与立，未可与权。”意思是：可以共同学习的人，不一定可以共同去追求真理；可以共同追求真理的人，也不一定可以一起建功立业；可以一起建功立业的人，不一定可以随便给予权力。海南的黄花梨虽然名贵异常，但将它移种到北京来，注定活不了。

南朝后主叫陈叔宝，此人酷爱文学，写着一手好诗歌，他的《玉树后庭花》流传了上千年：“丽宇芳林对高阁，新妆艳质本倾城。映户凝娇乍不进，出帷含态笑相迎。妖姬脸似花含露，玉树流光照后庭。花开花落不长久，落红满地归寂中。”可惜的是，他不是当皇帝的料，他不明白“所任不可信，所信不可任”的道理，任用了一帮喜爱文学的人来治理朝政，结果可想而知。公元 589 年，隋将韩擒虎率军进攻，趁江面大雾弥漫，悄悄渡过长江，包围了建康。陈朝军队不堪一击，很快就全军溃败。陈叔宝与张丽华等嫔妃危急之中躲入井中，被隋军抓获，后客死洛阳。

【原典】牧人以德者集，绳人以刑者散。

注曰：“刑者，原于道德之意而恕在其中；是以先王以刑辅德，而非专用刑者也。故曰：“牧之以德则集，绳之以刑则散也。”

王氏曰："教以德义，能安于众；齐以刑罚，必散其民。若将礼、义、廉、耻，化以孝、悌、忠、信，使民自然归集。官无公正之心，吏行贪饕；侥幸户役，频繁聚敛百姓；不行仁道，专以严刑，必然逃散。"

【解译】老子说过："民不畏死，奈何以死惧之。"刑法对于一个社会而言，永远应该放在辅助的位置，它是辅助道德的养成。如果一味刑民以法，必然离心离德，一遇混乱，整个社会就会轰然倒塌。秦王朝虽然一统天下，但刑法过分酷暴，结果陈胜、吴广登高一呼，整个王朝顿时分崩离析。

严刑酷法之下，不可能有真正的团结。一个国家，一个单位，理当如此。如果有一个领导经常处罚部下，即使每一次处罚都合乎规定，也必会产生民怨。虽然管理离不开规章制度，但如果刻板地执行这些制度，则会是一个失败的管理者。

汉代有个"五百壮士"的故事，说的是秦朝末年，齐国贵族田氏家族起兵造反，这支义军刚开始由田荣统领，但此人无德于民，用严刑统领部众，结果引起叛乱，部众群起而杀之。田荣死后其弟田横继续统领这支军队。这田横与他哥哥不同，凡事身先士卒，宽待部众，深得民心。等汉高祖刘邦统一天下之时，田横不想投降汉朝，于是率领五百人逃到了今天青岛即墨的田横岛上。但刘邦却很敬重田横，非要他出来做官，田横无奈之下只好自杀。留在岛上的五百人听说田横死了，一起自杀，以身相殉，感天动地。

同样的一伙人，两种不同的领导思维，结果却是天壤之别，一个被群起而杀之，一个五百人自愿相殉，德与刑的区别竟然如此之大。

【原典】小功不赏，则大功不立：小怨不赦，则大怨必生。

注曰：“人心不服则叛也。”

王氏曰：“功量大小，赏分轻重；事明理顺，人无不伏。盖功德乃人臣之善恶；赏罚，是国家之纪纲。若小功不赐赏，无人肯立大功。志高量广，以礼宽恕于人；德尊仁厚，仗义施恩于众人。有小怨不能忍，舍专欲报恨，返招其祸。如张飞心急性躁，人有小过，必以重罚，后被帐下所刺，便是小怨不舍，则大怨必生之患。”

【解译】管理中无小事，单位里许多的积怨，往往产生于生活中的小事。一旦生怨，绝大多数人会本能地将怨恨放大，不自觉地会寻找更多积怨的理由。所以刘备告诫人们说“勿以善小而不为”“赏小功”“赦小过”，都是小善之举。

历史上许多成就了事业的人，都起家于一些小成就。比如说，唐代有员名将——薛仁贵，出身贫寒，因在随唐太宗征战高丽时，身着白袍手持方天画戟，孤身冲入敌阵，得到太宗的赏识，由此走上成功之路，成为唐代最勇猛的战将之一。反过来说，在不成功的众人之中，又有多少是因为领导“小功不赏”而湮没的呢？

好的领导创造人才，不好的领导则扼杀人才。如果一个单位长期无可用之材，那不是因为单位里的人不行，而是单位的领导不行。

“赏小功”“赦小过”事虽然小，但唯有心胸博大的人方能做到。曹操被指为奸臣，但此人的心胸确实有过人之处。他曾经攻打张绣于南阳，张绣被迫投降了曹操。可是曹操确实不是正人君子，在张绣降曹之后竟然私通张绣的婶娘，气得张绣挥刀就砍，结果曹操跑了，可是长子昂、侄安民都被杀了，张绣叛逃到袁绍处，这个怨可就结大了。后来曹操攻打袁绍，张绣无处立足，只好又投降了曹操。但曹操的大度令后人吃惊，并没有难为张绣，反而委以重任。

【原典】赏不服人，罚不甘心者叛；赏及无功，罚及无罪者酷。

注曰：“非所宜加者，酷也。”

王氏曰：“赏轻生恨，罚重不共。有功之人，升官不高，赏则轻微，人必生怨。罪轻之人，加以重刑，人必不服。赏罚不明，国之大病；人离必叛，后必灭亡。施恩以劝善人，设刑以禁恶党。私赏无功，多人不忿；刑罚无罪，众士离心。此乃不共之怨也。”

【解译】赏与罚是领导手中的两件宝，但也是两件最致命的武器。

历史上有人用得好，事半功倍，甚至创造霸业；但也有不少人用得不好，结果是亡国破家。

春秋末期，吴国出了个著名的政治家、谋略家，名叫伍子胥，他原本是楚国的世家大族。公元前522年，楚平王听信谗言，将伍子胥一家无罪杀害，唯伍子胥潜身逃往吴国。他发誓要倾覆楚国，以报杀亲之仇。

入吴以后，他辅佐吴王阖闾修法制、任贤能，奖农商、实仓廪，又举荐深通兵法的孙武为大将，选练兵士，整军经武，使吴国成为春秋末期最后的一个强国。公元517年，伍子胥率吴军攻入楚国，将楚平王的尸体拖出来，打了300鞭以泄愤。

虽然伍子胥的做法也让后人诟病，但促使伍子胥背叛祖国的，恰恰是罚不甘心！不平则鸣，不公则反，这是历史的规律。

【原典】听谗而美，闻谏而仇者亡。

王氏曰：“君子忠而不佞，小人佞而不忠。听谗言如美味，怒忠正如仇仇，不亡国者，鲜矣！”

【解译】对领导而言，君子难处，小人易交。为什么呢？因为“君子合而不同”，他们会为一个共同的目标而努力，却不会失去自我的判断，经常会对领导的决策提出不同的看法，有时甚至是很激烈的批评。所以领导有时会感到很下不了台。唐太宗就曾怒气冲冲地对他的皇后说：我非杀了魏征这个乡巴佬不可，他总是给我提意见，弄得我在朝堂上很下不了台。皇后却说：“我应该恭喜您呀！我听说主明则臣下才会直谏，看来您是明主。”经这么一说，唐太宗才消了气。可见君子真正难以相处。但君子就像是苦口药，他会帮助你的事业走向辉煌。

而小人则“同而不和”，这种人会与领导保持高度的一致性，整天围着领导转，但却不会为共同的目标而奋斗。所以领导会觉得这种人好交往，每天被马屁拍得舒舒服服。清朝大贪官和珅，在长达 20 多年的时间里，一直得到乾隆皇帝的恩宠，除了和珅确实有些本事之外，恐怕与他马屁拍得好有很大关系。和珅的座右铭是“以帝心为心”，极善于揣摩乾隆的思想意图，处处变着法儿哄乾隆高兴，皇帝想做的事、想说的话，和珅都会预先想到，这种人哪个领导不喜欢？然而，恰恰是这种人，就像是鸦片，时间久了，早晚会被他害死的。

【原典】能有其有者安，贪人之有者残。

注曰：“有吾之有，则心逸而身安。”

王氏曰：“若能谨守，必无疏失之患；巧计狂徒，后有败坏之殃。如智伯不仁，内起贪饕、夺地之志生，好绞侮韩魏之君，却被韩魏与赵襄子暗合，返攻杀智伯，各分其地。此是贪人之有，返招败亡之祸。”

【解译】能珍惜自己用劳动换来的成果，则活得心安理得，朝夕泰然。如果贪求别人所有的东西，即使得到了，也会寝食不安。

中国有句老话“千夫所指，无疾而终”，意思是说：如果一个人，天天被人指着脊梁骨痛骂，这个人肯定命不长。西方心理学曾经有过一个调查，凡是贪官污吏，在统计学上寿命都不太长。因为这些人做了亏心事，心理上长期处于压制状态，最后都短命而终。看来人不论活得富贵还是贫贱，最重要的是活得心安理得。如果是不义之财，即使家财万贯，终日不得安宁，困守心狱之中，活着还有什么滋味？

明代时江南有位富商，家财丰厚，但他每日不得安静，怕被偷、怕被抢、怕被谋财害命……总之快到了食无味、夜无眠的程度，搞得一家人惶惶不可终日。终于有一天，富商的妻子说：“唉！这种日子有什么意思?你看我们隔壁的那对卖豆腐的小夫妻，每天生活无忧，快快乐乐，欢歌笑语，我们如果能过一天那种生活多好啊！”富商恨恨地说：“想让他们不快乐很容易。”于是夜里偷偷将一笔巨款放到了这对小夫妻的门口。

自从得到这笔来历不明的钱，再也听不到这对小夫妻的欢歌笑语了，每天做豆腐也无精打采，一到夜里安静得可怕。富商得意地对妻子说：“你听，他们再不唱歌了吧。”过了不久，夜里就听到隔壁在低声吵架，发展到后来就是打架，最后这对小夫妻终于不欢而散了。

“贪人之有者”不但生前惴惴不安，死后也不得安宁。历史上有多少达官显贵死后坟墓被盗，骸骨遗撒四野，一切珍玩荡然散尽。就因为他们生前太贪，墓中珍贵太多，前世之恶死后得报。历史上只有一位帝王坟墓安然，那就是汉代的文帝刘恒之墓，他一生俭约，死后治陵寝都用瓦具。虽经历代兵乱，多数汉代帝陵皆被盗掘，唯独文帝陵得安。

歛薄施者凋。戰士貧遊士富者衰。貨賂公行者昧。聞善忽畧記過不忘者暴。所任不可信所信不可任者濁。牧人以德者集。繩人以刑者散。小功不賞則大功不立。小怨不赦則大怨必生。賞不服人罰不甘心者叛。賞及無功罰及無罪者酷。聽讒而美。聞諫而仇者亡。能有其有者安。自有其有則心逸身安貪人之有者殘。

此章因前章道與德以見義在所必遵故歷指其如此賢人君子稍有疏漏人品事功無一不與則志必篤行爲尤要云

安礼章

注曰："安而履之为礼。"

王氏曰："安者，定也。礼者，人之大体也。此章之内，所明承上接下，以显尊卑之道理。"

【解译】礼即理也，就是天地万物、人间万事的法则。任何人安身立命，都要遵守这些规则，都要顺应世理。所以，当事业受到重重阻碍，活得不尽如人意的时候，不要怨天怨地，而是要检讨自己的行为，也许是我们违背了某种规律，破坏了某些法则。"安礼"篇正是要教导人们行有规，动有辙，安于礼者，事业有成。

【原典】怨在不舍小过，患在不预定谋。

注曰："君不念旧恶。人有小怨，不能忘舍，常怀恨心；人生疑惧，岂有报效之心？事不从宽，必招怪怨之过。"

王氏曰："人无远见之明，必有近忧之事。凡事必先计较、谋算必胜，然后可行。若不料量，临时无备，仓卒难成。不见利害，事不先谋，返招祸患。"

【解译】仇怨并不是因为别人得罪了我们，而是因为我们不能宽容别人。扬州有个梵音寺，寺中弥勒佛像旁有一副对联，上联是"开口常笑笑世间可笑之人"，下联是"肚大能容容天下难容之事"。这副对联是形容弥勒佛的，但也是许多人生活中的座右铭。诸葛亮初出茅庐之时，关公与张飞都对他不甚礼遇，看不出这个书生有什么大作用。但诸葛亮以博大的胸怀，容纳关张两人的小过错，一同开启了三国鼎立的局面。

生活中误解与冒犯是常有的事，如果斤斤计较，最终都会发展成仇怨。但如果我们有一颗宽容的心，别人的过错只会让我们的生命更加美丽。

祸患天天有，但是不是身受其祸，那就要看每个人的修为了。高人谋于祸前，俗人谋于祸后。谋于前者，消灾避祸；谋于后者，最多是个亡羊补牢。中医有个思想与此相似，叫“治未病”，即在疾病还没有生成之时，就加紧调养，人就不会得病。等一旦大病显现，再去治疗只能是半死半活，治愈的机会只有一半。

汉代名医华佗，一家三兄弟都是医生，但为什么只有华佗一人名满天下呢？华佗曾这样说：“我大哥在人还没有得病之时，就可以看出疾病的苗头，未病先治，所以名不显；我二哥在大病未显之时，通过根治小病消除大病，同样没有名气；而我呢，只有在人得了大病之后方能看出来，往往可以起死回生，所以有名气。”

安禮章

禮者人之所履不安於禮便多乖違之象故以安禮結之治身治家治智舍此不可至其用兵處尤約而該舜之舞干而苗格非安禮與

怨在不捨小過。患在不預定謀。福在積善。禍在積惡。饑在賤農。寒在墮織。安在得人。危在失士。富在迎來。貧在棄時。上無常躁。下多疑心。（躁靜無常羣情猜疑）輕上生罪。侮下無親。近臣不重。遠臣輕之。（淮南王之於平津侯是也）自疑不信人。自信不疑人。枉士無正友。曲上無直下。危國無賢人。亂政無善人。愛人深者求賢急。樂得賢

【原典】福在积善，祸在积恶。

注曰：“善积则致于福，恶积则致于祸；无善无恶，则亦无祸无福矣。”

王氏曰：“人行善政，增长福德；若为恶事，必招祸患。”

【解译】“善有善报，恶有恶报”，虽然没有更加科学的证据，但却是民间信仰的一种法则，而这种法则几乎是全人类都在信仰，我们也可以将此看成是人类的某种道德的底线。

“报应”思想源自各民族的上古思想，最有代表性的是印度的摩羯法则，即后来的轮回思想。佛教认为，人的一生是由前一世的因果决定的。前世行善积德，此生就有福报，做什么都顺利；前世如果作恶多端，此生就会招致恶报，要么一事无成，要么诸病缠身。所以孔子曾说：一个对别人有恩德的人，其福报可以在三代人中传递。

从现实的角度讲，如果对人真诚、善良，别人也会以同样的态度对待你；如果对人常常恶语相加、欺骗蔑视，别人也会对你如此。这本身就是一种“善恶有报”。所以，无论做人还是做事，常怀一颗善良的心，收获也必定是善良的果。

凤凰台锵锵三人行节目里曾讲了这样一个故事：某地，有一个女司机开着一辆满载乘客的长途客车行驶在盘山公路上。有三名持枪歹徒居然盯上了漂亮的女司机，强迫中巴停下，要带女司机下车去“玩玩”。女司机奋起呼救，但全车乘客大部分噤若寒蝉。只有一位中年瘦弱男子奋起反抗，结果被打倒在地。女司机被拖至山林草丛。

过了一会儿，衣衫不整的女司机和三名歹徒回来了。此刻女司机执意让被打的男子下车，男子不肯，双方争执起来。女司机固执地说："你不下车，我就不开车。"全车乘客都在劝男子下车。结果那名仗义救人的男子被强行赶下了车……

第二天，当地的报纸报道：伏虎山区昨日发生惨祸，一辆中巴摔下山崖。车上司机和十三名乘客无一生还。

我们不必去管"善恶有报"思想科学与否，信仰它本身就是一种力量，人类需要这种力量来平衡人与人的关系。

【原典】饥在贱农，寒在惰织。

注曰："唐尧之节俭，李悝（克）之尽地利，越王勾践之十年生聚，汉之平准，皆所以迎来之术也。"

王氏曰："懒惰耕种之家，必受其饥；不勤养织之人，必有其寒。种田、养蚕，皆在于春；春不种养，秋无所收，必有饥寒之患。"

【解译】农贱则米贵，米贵则食不果腹。同样的道理，桑农如果没有了保障，人们的穿衣吃饭就成了大问题。"农桑"之重，重于泰山，这是一个社会的根基，一旦出了问题，将发生社会大动荡。

中国处于亚热带季风气候下，自然灾害时有发生，如果三农问题解决不好，极易发生饥荒之年。因此，中国历来有"重农抑商"的传统，凡是执政者，均将农业视为头等大事。直到今天，一遇到经济动荡，通货膨胀，首先要考虑的就是抑制物价上涨，因为历史上由于农桑问题导致的社会混乱屡见不鲜，教训极其深刻。

任何一个单位，都有生死存亡的根基。作为一个领导，首要的任务就是确保单位根基不动摇，把握正确的发展方向，要务正业，不要贪多求大，更不要舍本逐末，否则大厦就会在轰然之间倒塌。

【原典】安在得人，危在失士。

王氏曰："国有善人，则安；朝失贤士，则危。韩信、英布、彭越三人，皆有智谋，霸王不用，皆归汉王；拜韩信为将，英布、彭越为王；运智施谋，灭强秦，而诛暴楚；讨逆招降，以安天下。汉得人，成大功；楚失贤，而丧国。"

【解译】 得人者得天下，汉代刘邦用韩信、英布、彭越三人，终于成就大业。著名的美国通用汽车公司总裁说过：你可以拿走我的全部财产，但只要把我的组织人员留下，5 年之内我就能把所有失去的财产赚回来。成功与否的关键，不是"何事"的问题，而是"何人"的问题。唐太宗就认为"致安之本，惟在得人"。

用人之道，关键在于"不拘一格"四个字。每个人都是天才，既要用其长，也可以用其短。日本的川口寅三在《发明学》一书中提出了"善用缺点"的主张，并强调说："甚至可以认为，人类能取得多大的成就与能否巧用缺点有关。”

美国柯达公司在制造感光材料时，需要有人在暗室工作，但视力正常的人一进入暗室，犹如司机驾驶着失控的车辆一样不知所措。针对这种情况有人建议：盲人习惯于在黑暗中生活，如果让盲人来干这种工作，定能提高工作效率。于是，柯达公司经理下令：将暗室的工作人员全部换成盲人。

【原典】富在迎来，贫在弃时。

王氏曰：“富起于勤俭，时未至，而可预办。谨身节用，营运生财之道，其家必富，不失其所。贫生于怠惰，好奢纵欲，不务其本，家道必贫，失其时也。”

【解译】时机对于事业的成败很重要，在合适的时间做合适的事，才能保证事有所成。错过了时机，再好的项目也不会成功。比如说农业生产，一年之计在于春，关键要在春天适时播种，秋天才会有收获，生活才会富足；如果延误了农时，春天该种的没有种下去，秋天就只能收获一些杂草了。

每个人的成功，都是由一系列内外时机造就的，没有这些机会，再有才华也只能“空悲切”了。比如说汉代张良这个人物，秦朝末年的社会动荡给他提供了一个成功的社会环境，但如果没有遇到那个怪老头传他一部《素书》，让他有机会提升自己内在的修为，恐怕也难以成功。

再比如，就科学而言，学科领域中大的机遇可能几百年一遇，中等机遇可能十几年、几十年一遇。大的机遇是历史和社会造成的，科学史上的重大突破都与这类大机遇有关。如果爱迪生不是生在他那个时代，而是早生 500 年，那么他不可能有那么多的科学发明。爱因斯坦如果出生在唐朝那个时期，也不会想到相对论。

所以，凡事所成皆有其必然性，但由谁来成就这个必然性却是偶然的。居里夫人说得好，“弱者等待时机，强者创造时机”。一个人的成功有偶然，但机会的被发现、被抓住与被充分利用，却又绝不是偶然的。

【原典】上无常躁，下多疑心。

注曰：“躁静无常，喜怒不节；群情猜疑，莫能自安。”

王氏曰：“喜怒不常，言无诚信；心不忠正，赏罚不明。所行无定准之法，语言无忠信之诚，人生疑怨，事业难成。”

【解译】为官之道，重在沉稳，遇事不慌张，处事要慎重，说话要有信，举止要得体。古代的官员要学八字步，重在一个稳字上，这就叫官样。而那些急功近利、遇事先乱、喜怒无常、朝令夕改的领导，常常给人不可靠、不可信的感觉，下属也会常常猜测领导的意图，久之必生疑心。

其实一个人的成功与否，并不是仅仅看他做成了多大的事，而最终要看他个人的修为究竟有多高，是否可被人学习、借鉴。许多人尽管做出了一些成就，但由于修为所限，不论是才华、操守、道德都不足为人所道，这种人也不能算成功。比如说，五代时期的冯道，尽管做过五朝宰相，也做过不少好事，但就是由于他操守有亏，在历史上很少被人提起，更没有人说他是成功的人生。

而在个人的修为上，最重要的就是稳重，始终保持住内心的平静，不为外力所动，这就是孟子所说的："富贵不能淫，贫贱不能移，威武不能屈。"只要达到了这个境界，无论是谁都是成功的。

在大哲学家老子的眼中，沉稳、慎重同样是个人修为的重要标准。他说："重为轻根，静为躁君……轻则失根，躁则失君。"泰然处世，清静无为，才是做人的根本。

【原典】轻上生罪，侮下无亲。

注曰："轻上无礼，侮下无恩。"

王氏曰："承应君王，当志诚恭敬；若生轻慢，必受其责。安抚士民，可施深恩、厚惠；侵慢于人，必招其怨。轻蔑于上，自得其罪；欺罔于人，必不相亲。"

【解译】一个有序的社会，是由许许多多具体的规范促成的，尊重上级，亲爱下级，就是整个社会秩序当中的一环，破坏了秩序，就会引起混乱，轻则获罪，重则丧命。

人们在读历史的时候，常常痛恨皇帝在大功告成后，屠杀功臣，从而有"狡兔死，走狗烹；飞鸟尽，良弓藏"之叹。但殊不知许多大臣在功成名就之后，功高震主，甚至居功轻慢，结果犯了"轻上生罪"这一条，而最终被杀。汉代的刘邦本来定下"异姓不可为王"的规定，但韩信在战事最吃紧的时候，却逼刘邦封他为王，直接挑战领导的权威。虽然刘邦从大局考虑满足了韩信的愿望，但是怀恨在心，最后还是将他杀了。

我们常常会看到猴子相互梳理毛发，在生物学上这就叫“理序”，通过梳理毛发来确定每个猴子在族群中的地位，以及相互之间的关系。动物的群居性越强，动物之间的相互关系就会越复杂，而“秩序”的作用也就越大。

所以对于人类而言，甚至对一个单位而言，“秩序”是稳定的基石，是一个单位凝聚的根本。尽管有时候这种“秩序”并不合理，需要不断地改进，但也只能采取渐进的方式，骤然间的变动，就是革命。而革命的代价，一般都令人难以承受。

【原典】近臣不重，远臣轻之。

注曰：“淮南王言：去平津侯如发蒙耳。”

王氏曰：“君不圣明，礼衰、法乱；臣不匡政，其国危亡。君王不能修行德政，大臣无谨惧之心；公卿失尊敬之礼，边起轻慢之心。近不奉王命，远不尊朝廷；君上者，须要知之。”

【解译】一个公司的总裁并不信任他的副总，用而疑之，这就叫“近臣不重”。这样的副总，在他所管理的部门中就没有威信，中层领导也看不起他，这就叫“远臣轻之”。

原来的皇帝派大臣下基层办事时，总是授以“钦差大臣”的名号，就是要加强下派干部的权威性，形成震慑力。一个国家或者一个单位，最高层的决策，不可能由最高领导亲自完成，必须层层负责，层层贯彻，才能形成合力。

三国刘备有了诸葛亮以后，基本上不具体管事，一切权力都下放，甚至在两个结义兄弟关羽、张飞与诸葛亮闹意见时，也能维护诸葛亮的权威，这才有了三分天下的局面。汉武帝时，主父偃提出了“推恩令”，即将各诸侯王的封地进行分封，就是将大国化小，小国化无，以此来削弱诸侯王的势力。因此，他受汉武帝的重用，做到了中大夫的官职，但诸侯王却将他恨之入骨，却没有办法。等到主父偃失宠之时，各大臣纷纷落井下石，淮南王刘长说：去掉主父偃易如反掌。果然，不久之后，汉武帝将他族诛。主父偃死前有数千宾客，但他死后没有人来为他收尸，只有洨孔车一人埋葬了他。

【原典】自疑不信人。自信不疑人。

注曰：“暗也。明也。”

王氏曰：“自起疑心，不信忠直良言，是为昏暗；己若诚信，必不疑于贤人，是为聪明。”

【解译】凡是总怀疑别人的人，是因为他连自己都不相信。相反，凡是对自己充满信心的人，一般也不会怀疑别人。

在历史上，最怀疑臣下的王朝可能就是明朝。明代各朝皇帝，总是疑神疑鬼，对谁都不放心，被冤杀的大臣有很多。后来的研究表明，朝代的朱姓皇帝家族可能存在一种精神方面的遗传病。这种病导致明代皇族有种病态的心理，怀疑一切人、一切事。

每个人都是一个宝库，而自信是挖掘这一宝库的唯一工具，只要充分相信自己，就没有办不成的事。古希腊著名演说家德摩斯梯尼，原先患有口吃病，幼年结巴，语音微弱，演说时常被人喝倒彩。他始终对自己信心百倍，为了克服疾病，每天清晨口含小石子，呼喊练习，终于成为口若悬河，辩驳纵横的演说家。

美国著名的女作家海伦•凯勒，著作蜚声海内外。虽然她幼年因病造成残疾，但她自信自强，14 岁便攻克多种外语，通晓德、法、古罗马、希腊文学。20 岁考入著名的哈佛大学。

自信的人才能以一种更加平和的目光看待世界、看待别人，唯有自信者方可成功。

【原典】枉士无正友。

注曰：“李逢吉之友，则‘八关’‘十六子’之徒是也。”

王氏曰：“谄曲、奸邪之人，必无志诚之友。”

【解译】枉的本义是弯曲或者不正，所以《说文》里说：“枉，邪曲也。”枉士指的是那些心术不正的小人，这种人交往的圈子里，不会有正直之士，或者志诚之友。

古希腊的剧作家欧里庇得斯曾说：“什么样的人，交什么样的朋友。”

中国也有类似的名言“物以类聚，人以群分”，相似的事物总是会聚到一起，心性相似的人也最终会走到一起。人际交往中，最关键的不是性格，而是品德。三国时期的刘关张，性格相差很大，但相似的人品，使他们桃园结义。唐代中期有位大臣名叫李逢吉，此人就属于“枉士”，史书说他“性忌刻，险谲多端”，看来是个阴险狡诈之人。在他当政时，结党营私，排除异己，形成了一张庞大的关系网，而这张网中的人，几乎都不是什么好东西，号称“八关十六子”。凡是有求于李逢吉的人，必须首先向这些人行贿，只要钱给的足，没有办不了的事。

【原典】曲上无直下。

注曰：“元帝之臣则弘恭、石显是也。”

王氏曰：“不仁无道之君，下无直谏之士。士无良友，不能立身；君无贤相，必遭危亡。”

【解译】俗话说：“上梁不正下梁歪”，有什么样的领导，就会有什么样的属下。一个单位风气的养成，主要看领导的品德。如果领导好大喜功，整个单位就会弥漫严重的夸夸其谈的作风。这就叫“上之所好，民必甚焉”。

从前，晋国流行一种讲排场、摆阔气的坏习气，晋文公便带头用朴实节俭的作风来纠正它，他穿衣服绝不穿价格高的丝织品，吃饭绝不吃两种以上的肉。不久之后，晋国人就都穿起粗布衣服，吃起糙米饭来。

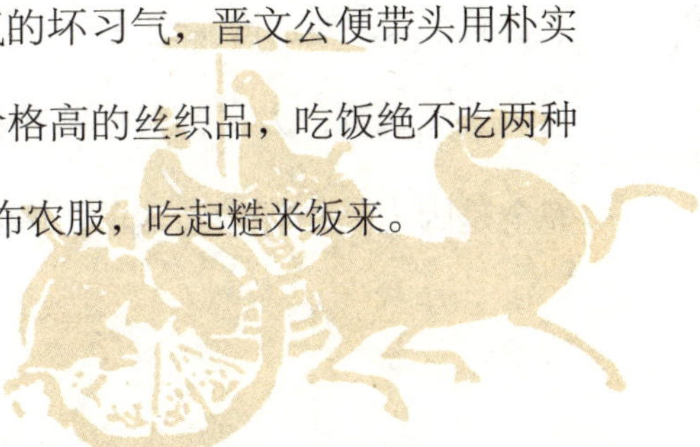

楚灵王喜欢纤细的腰身。因此，朝中大臣都唯恐腰肥体胖，失去宠信，不敢多吃饭，把一日三餐改为只吃一餐。每天起床整装，先要屏住呼吸，然后把腰带束紧。时间久了，一个个饿得头昏眼花，扶住墙壁才能站起来，一年之后，满朝文武都成了面黄肌瘦的废物了。

现在看到的唐代绘画或者壁画中，女士都是肥美的，几乎可以成为唐代人的审美标准。然而，唐代早期的绘画中女性并不是这样的，而是十分的清秀。原来这一风气源于唐代风流皇帝唐玄宗爱上了杨贵妃。据说杨贵妃杨玉环的体态非常丰满，有人用“丰肥浓丽、热烈放姿”几个字来概括。如此一来，上行下效，唐代的审美标准因此而变，留下了许多姿态万千、装束大胆、乐观向上的胖美人形象。

【原典】危国无贤人，乱政无善人。

注曰：“非无贤人、善人，不能用故也。”

王氏曰：“谗人当权，恃奸邪害忠良，其国必危。君子在野，无名位，不能行政；若得贤明之士，辅君行政，岂有危亡之患？纵仁善之人，不在其位，难以匡政、直言。君不圣明，其政必乱。”

【解译】盗匪横行于世，一定是社会动荡之时。一个混乱的公司，人人皆有小人之嫌。时势迫人，人们只能因时而动，因势而为。

人性本善，人人都可以成为圣人、善者，可为什么人世还有百态呢？完全是因为大小环境造成的。善根就如同一颗种子，放到不同的土壤中会有完全不同的结果，有的可以是顺利成长，也有的会发生扭曲，一切视种子所处的环境。即使在同一个大环境中，每个种子各自的小环境也可以起到决定作用。所以天下没有一模一样的两棵树。

有人说人性是由基因决定的，其实基因并不能完全决定一个人的好与坏，人的主观能动性比基因的作用更大。我们的内心有种融于社会与环境的渴望，于是会不自觉地改变自己，每个人其实都是改变后的自己。

【原典】爱人深者求贤急，乐得贤者养人厚。

注曰：“人不能自爱，待贤而爱之；人不能自养，待贤而养之。”

王氏曰：“若要治国安民，必得贤臣良相。如周公摄正辅佐成王，或梳头、吃饭其间，闻有宾至，三遍握发，三番吐哺，以待迎之。欲要成就国家大事，如周公忧国、爱贤，好名至今传说。

聚人必须恩义，养贤必以重禄；恩义聚人，遇危难舍命相报。重禄养贤，辄国事必行中正。如孟尝君养三千客，内有鸡鸣狗盗者，皆恭养、敬重。于他后遇患难，猪盗秦国狐裘，鸡鸣函谷关下，身得免难，还于本国。孟尝君能养贤，至今传说。”

【解译】凡过分自恋、自爱者，胸中必无别人。“爱人”是一种胸怀，大的方面讲是为人民服务的使命感，小的方面讲是使身边的人获得成功的责任感。唯有“爱人”者能有大志向，必欲成其事而利于民。“爱人”越深，成就事业的动力也就越大。

而凡谋事者，必先谋于人，光杆司令不能包打天下。而凡用人者，必将厚养之，高官厚禄为养，放权使能为养，恩义聚人亦为养。用而不养，养而不厚，上下离心。

战国时期天下大乱，凡有大志于社会者，皆舍财养士，于是出现了一个庞大的“食客”阶层，孟尝君就养了三千食客，凡有一技之长，都被收为门下。三国曹操想统一天下，于是有了历史上著名的“求贤令”。谋于事者，不如谋于人。

【原典】国将霸者士皆归。

注曰：“赵杀鸣犊，故夫子临河而返。”

【解译】一个国家在崛起的过程中，处处呈现出新气象，具有强大的吸引力，有识之士纷纷前来效力。人气旺不旺，是评判一个事业、一个企业很重要的标准。苏联创立之初，海外的侨民卖掉国外的资产，举家回迁，有的人甚至将整座工厂拆下运回国内。

中国近现代也有两次“士皆归”的盛况：一次是解放初期，中华人民共和国成立，海外之士大举归国，因为他们看到了一个大国崛起的气象，两弹一星功臣中的许多人，都是那个时候回国的；再一次是改革开放以来，海外留学人员又一次大规模回归，使“海归”一词成了中国特有词汇。

当年孔子想去晋国实现他的政治理想，当他和弟子们走到了晋国边境的黄河之滨时，却听到赵简子杀了辅佐他的贤大夫鸣犊，于是取消了投靠赵简子的计划。为什么呢？因为孔子从这件事情上看不到晋国未来的希望，所以选择了回避。

【原典】邦将亡者贤先避。

注曰：“若微子去商，仲尼去鲁是也。”

【解译】中国有句老话：“圣人无死地，智者无困厄。”圣贤之士，善于观察时势，当一个国家或者一个公司出现衰败迹象时，他们就会远离险地，不使自己身处困境。因为此时，即使才德超群，也无施展之地，唯有小人可以当道。

孔子曾说，有智慧有道德的人，首先要回避动荡不安的时代，其次要远离祸乱危险的地域，再次是避开色情的诱惑，最后是回避流言四起的场所。君子不履险地。

《素书》中的这两句话，是从人才的流向上观察所处的环境，判断一个事业的前途，从而更好地选择自己的去向。

【原典】地薄者，大物不产；水浅者，大鱼不游；树秃者，大禽不栖；林疏者，大兽不居。

注曰：“此四者，以明人之浅则无道德；国之浅则无忠贤也。”

王氏曰：“地不肥厚，不能生长万物；沟渠浅窄，难以游于鲸鳌。君王量窄，不容正直忠良；不遇明主，岂肯尽心于朝。

高鸟相林而栖，避害求安；贤臣择主而佐，立事成名。树无枝叶，大鸟难巢；林若稀疏，虎狼不居。君王心志不宽，仁义不广，智谋之人，必不相助。”

【解译】土地贫瘠，就不会生长大型的植物，沙漠中永远不会有参天的大树；河浅水少，就不会有大鱼游动，涓涓细流中只会有小虾；光秃秃的树，即使再高，苍鹰也不会在此栖脚；狮虎等猛兽，会选择草高林密处栖身。

《素书》用自然现象来说明成功与失败的因果关系，说明人才与事业的因果关系。志向越高远，事业就越伟大。想当年，刘备如果仅仅想保住自家妻小的富贵，关张二人能与他结义共谋大事吗？诸葛亮能出山协助他开创三国鼎立之局吗？只有伟大的抱负，才能吸引天下才俊，共创大业。水浅者则大鱼不游，鸡鸣狗盗之徒，只会横行乡里。

【原典】山峭者崩，泽满者溢。

注曰：“此二者，明过高、过满之戒也。”

王氏曰：“山峰高峻，根不坚固，必然崩倒。君王身居高位，掌立天下，不能修仁行政，无贤相助，后有败国、亡身之患。

池塘浅小，必无江海之量；沟渠窄狭，不能容于众流。君王治国心量不宽，恩德不广，难以成立大事。”

【解译】山峰越是陡峭，越是容易崩塌；湖泊超过其容量，就会出现四溢的现象。做人做事，总要有个度，刻意与完美，或者得意而忘形，往往都是画蛇添足，适得其反。老子曾说：“揣而锐之，不可长保。”刀本来已经很锋利了，可是还要更锋利，结果将刀磨得又薄又尖，一碰就断，原有的锋利在瞬间就失去了。

法国一家博物馆里有尊巴尔扎克的雕像，作者是著名的雕塑大师罗丹。可惜的是，这尊雕像没有手，原来这其中还有一个故事。雕像完成之后，罗丹请他的学生们前来欣赏。第一个学生看到雕像以后，发出了一声由衷的赞叹：啊！快看啊，巴尔扎克的手多么完美！接着第二个、第三个学生都对雕像的那双手给予了极高评价。罗丹很生气，他对学生说：这双手过分完美了，它具有独立的生命，已经不属于雕像的整体了，有它只能破坏全局效果，而不能为整体增色，必须去掉。于是罗丹亲自砍下了雕像的双手。

真正的完美是包容一切，是孔夫子的中庸之道。《周易》里说：“曲成万物而不遗。”老子《道德经》也说：“曲则全，枉则直。”意思是说天下万物都是弯曲的，完美的东西也是弯曲的，只有弯曲的东西才有可能发展。所以中国的文化里到处可以看圆形的结构，六十四卦可以组成一个圆，甚至中国的哲学也可以浓缩到一张太极图上。

“曲则全”是中国人特有的大智慧，只有走一些弯路，才能最终达到目的。故古人提出：“聪明广智，守以愚；多闻博辩，守以俭；武力多勇，守以畏；富贵广大，守以狭；德施天下，守以让。”

【原典】弃玉取石者盲。

注曰："有目与无目同。"

王氏曰："虽有重宝之心，不能分拣玉石；然有用人之志，无智别辨贤愚。商人探宝，弃美玉而取顽石，空废其力，不富于家。君王求士，远贤良而用谗佞；枉费其禄，不利于国。贤愚不辨，玉石不分；虽然有眼，则如盲暗。"

【解译】"弃玉取石"的人，不是傻子就是瞎子。其实，这种事在我们身边是经常发生的，几乎每个人都有过如此愚蠢的选择。比如说，我们经常为一些身外之物而奋斗不休，为此我们却失去了许多东西，像家庭的亲情、自己悠闲的心情，甚至还有健康，这都是"弃玉取石"的行为。

《庄子》里记载了一件事："韩魏相与争侵地。子华子见昭僖侯，昭僖侯有忧色。子华子曰：'今使天下书铭于君之前，书之言曰：左手攫之则右手废，右手攫之则左手废，然而攫之者必有天下。君能攫之乎？'昭僖侯曰：'寡人不攫也。'子华子曰：'甚善！自是观之，两臂重于天下也，身亦重于两臂。'"

韩魏两国发生领土争端，韩国的昭僖侯为此很烦恼。有一天，子华子去见昭僖侯，见他面有忧色，于是子华子对君侯说：现在我们写下"天下"两个字放到您面前，谁握着它，谁就能拥有天下，不过，左手握着它，右手就会残废，右手握着它，左手就会残废。您愿意把它握在手中吗？昭僖侯说：寡人不愿意为它而失去双臂。子华子说：就是啊！这样看来，双臂重于天下，而您自己的身躯比双臂更重要。

【原典】羊质虎皮者辱。

注曰："有表无里，与无表同。"

王氏曰："羊披大虫之皮，假做虎的威势，遇草却食；然似虎之形，不改羊之性。人倚官府之势，施威于民；见利却贪，虽妆君子模样，不改小人非为。羊食其草，忘彼虎皮之威。人贪其利，废乱官府之法，识破所行谲诈，反受其殃，必招损己、辱身之祸。"

【解译】披着虎皮的羊，永远也成不了老虎。仗势欺人者，狐假虎威者，永远也成不了英雄人物。人真正的强大在内心，是虚怀若谷的态度。老子曾经反复说明了一个道理：唯其弱，所以强。

陆地上什么动物最强大？人们一定会说是老虎，有人说它们是"万兽之王"。其实这是错误的，完全出于人类的主观偏见。在陆生动物中，最强大的是大象。它们没有老虎的速度与利爪，每天都以最不起眼的青草、树叶为食，但大象体积与寿命却远远大于那些食肉型动物。海洋中什么鱼最大？是鲸鱼。它们每天都以海洋中最低等的浮游动物为食，过着清汤寡菜的生活，但却比食肉的鲨鱼大出十几倍。

所以，真正的强大，看起来都是柔弱的。在自然界中，表面看起来，水是最弱的，岩石是最强的。然而，当我们站在中国雅鲁藏布大峡谷，或者站在美国科罗拉多大峡谷的时候，就能感觉到水的强大。那些柔弱的水汇集起来，像刀子一样，将坚硬的岩石从中劈开，形成壮观的大峡谷。只有在这个时候，你才能真正领会老子的伟大，“天下之至柔，驰骋天下之至坚”，“至柔”的水在峡谷中缓缓穿行，“至坚”的岩石在两侧默默行着视目礼，这是多么深奥的一幕。

天天摆出一副天下无敌的样子，或者功成名就的架势，都是披着虎皮的羊。

【原典】衣不举领者倒。

注曰：“当上而下。”

王氏曰：“衣无领袖，举不能齐；国无纪纲，法不能正。衣服不提领袖，倒乱难穿；君王不任大臣，纪纲不立，法度不行，何以治国安民？”

【解译】想拿一件衣服，最好抓住领子，一提之下，一件衣服就会顺顺当当。如果抓住其他地方，衣服就会颠三倒四不成样子。

春秋时候，著名军事学家孙武携带自己写的《孙子兵法》去见吴王阖闾。吴王看过之后说：“你的兵法我都看过了，是不是可以拿我的军队试试？”孙武说可以。吴王再问：“用妇女来试验也可以吗？”孙武也说可以。于是吴王召集一百八十名宫中美女，请孙武训练。

这些宫女都是阖闾的身边人，其中还有两位爱姬，她们根本不将孙武放在眼里，整个训练过程嘻嘻哈哈，成了一场游戏。所以想训练好这群特殊的兵，最核心的问题是要树立将官的威信，必须让她们知道什么是令行禁止。

在反复多次重申军令无效的情况下，孙武说：“解释不明，交代不清，是将官的过错。既然交代清楚而不听令，就是队长和士兵的过错了。”说完命左右随从把两个队长推出斩首。吴王见孙武要斩他的爱姬，急忙派人向孙武讲情，可是孙武说：“将在军中，君命有所不受！”遂命左右将两女队长斩了。自此以后，众女兵无论是向前向后，向左向右，甚至跪下起立等复杂的动作都认真操练，再不敢儿戏了。

做事要抓住重点，纲举则目张。

【原典】走不视地者颠。

注曰：“当下而上。”

王氏曰：“举步先观其地，为事先详其理。行走之时，不看田地高低，必然难行；处事不料理上顺与不顺，事之合与不合；逞自恃之性而为，必有差错之过。”

【解译】走路不看地，只顾抬头望天的人，早晚都会摔跟头，鼻青脸肿。无论做什么，既要脚踏实地，也要看清方向。

成功者都明白一个道理：做成一件事，绝对是个系统工程，方方面面都要兼顾到，认清形势把握方向固然重要，脚踏实地同样不可偏废，反之亦然。失败者常犯的一个错误，就是行与思不能统一，要么好高骛远，目标与自己的实力相悖，仰着脖子追太阳，最后掉到了沟里去；要么埋头苦干，不把握周围的环境，只看见眼前一点小利，最后撞到了南墙上，头破血流。

【原典】柱弱者屋坏，辅弱者国倾。

注曰："才不胜任谓之弱。"

王氏曰："屋无坚柱，房宇歪斜；朝无贤相，其国危亡。梁柱朽烂，房屋崩倒；贤臣疏远，家国倾乱。"

【解译】一间房子如果没有坚固的立柱支撑，就会倒塌；一个国家如果没有才华出众贤能人才的辅助，就会灭亡。

齐桓公是春秋五霸之一，但他的霸业离不开一个人，那就是管仲。管仲原本是鲁国人，齐桓公听取鲍叔牙的建议，在攻打鲁国时假装与管仲有仇，将管仲接到了齐国，并委以重任。在齐桓公的支持下，管仲进行了一系列改革。比如说，实行了军政合一、兵民合一的制度，农闲时训练，有战事时出征。这样既提高了士兵战斗力，也不必支付养兵的费用。这些改革奠定了齐国日后称霸的基础。

然而，等管仲一死，齐桓公本来就是一个昏君，再加上所用非人，搞得天下大乱。齐桓公病重时，五位公子忙着争权夺利，根本顾不上他，齐桓公病死后，尸体在床上放了六十七天，没有一个人管，尸虫都从窗子里爬了出来。

失一人而失一国，这样的例子在历史中有很多。

【原典】足寒伤心，人怨伤国：

注曰："夫冲和之气，生于足，而流于四肢，而心为之君，气和则天君乐，气乖则天君伤矣。”

王氏曰：“寒食之灾皆起于下。若人足冷，必伤于心；心伤于寒，后有丧身之患。民为邦本，本固邦宁；百姓安乐，各居本业，国无危困之难。差役频繁，民失其所；人生怨离之心，必伤其国。”

【解译】民间有“人暖腿，狗暖嘴”之说，天寒地冻之时，狗总是前蹄抱嘴而眠，故身寒因为足冷；草芥小民乃一国之本，国乱皆因民怨。

一身之本在足，一国之本在民，一个单位之本在员工，下不安，则上摇。中国有多少次改朝换代，都是因为民怨沸腾。强大的明王朝，最终亡于一介草民李自成；现在又有多少公司，因员工的不满而走向破产关张。但就这样一个简单的道理，许多领导就是学不会，反复栽跟头而不自省。

【原典】山将崩者，下先隳：国将衰者，人先弊。

注曰：“自古及今，生齿富庶，人民康乐；而国衰者，未之有也。”

王氏曰：“山将崩倒，根不坚固；国将衰败，民必先弊，国随以亡。”

【解译】任何灾难的发生都有前兆，如果看见一座大楼的底基出了问题，就是大楼将要倒塌的前兆，如果看见平民百姓为衣食而发愁，就是国家将走向衰败的前兆。

藏富于民，还是藏富于国，这其实是一个不需要争论的问题。

齐宣王曾经说：“我有一个毛病，我非常爱财。”孟子说：“周朝的先主公刘，就是好货人，诗经记载，他教导人民努力耕作，增加生产，将粮食堆满仓内。制造干粮，放在囊里，以便人民携带。又整军经武，把老百姓集中起来训练，等这些都差不多了，才带了弓箭，装备干戈等武器，复兴他祖先的旧业。留守的人有充裕的谷仓，出发的人有包裹好的干粮，如此准备妥当才出发。王如果能效法先人积极进取，藏富于民，这不是很好的事情吗？”

【原典】根枯枝朽，人困国残。

注曰：“长城之役兴，而秦国残矣！汴渠之役兴，而隋国残矣！”

王氏曰：“树荣枝茂，其根必深。民安家业，其国必正。土浅根烂，枝叶必枯。民役频繁，百姓生怨。种养失时，经营失利，不问收与不收，威势相逼征；要似如此行，必损百姓，定有雕残之患。”

【解译】一棵大树如果根部枯死了，上面的枝叶同样会枯死；一个国家如若民众困苦不堪，朝不保夕，国家这棵大树也必将枝枯叶残。

做统治者并不难，最大的智慧其实就一句话：人民生活富裕，国家自然繁荣富强。竭泽而渔，最终会落个破家亡国的命运。隋王朝是中国最短命的王朝之一，隋炀帝时，征调天下人去修大运河及其他工程，每月役使的人数就有200万之多，“役丁死者什四五”。男丁不够，就征发妇女，这在历史上都是少有的。隋炀帝榨干了天下民力，自己也就灭亡了。

者養人厚。國將霸者士皆歸。邦將亡者賢先避。地薄者大物不產。水淺者大魚不遊。樹禿者大禽不棲。林疏者大獸不居。山峭者崩。澤滿者溢。棄玉取石者盲。羊質虎皮者辱。衣不舉領者倒。走不視地者顛。柱弱者屋壞。輔弱者國傾。足寒傷心。人怨傷國。山將崩者下先隳。國將衰者人先弊。根枯枝朽。人困國殘。與覆車同軌者傾。與亡國同事者滅。見已往慎將來惡其迹者預避

嫌疑

【原典】与覆车同轨者倾，与亡国同事者灭。

注曰：“汉武欲为秦皇之事，几至于倾；而能有终者，末年哀痛自悔也。桀纣以女色而亡，而幽王之褒姒同之。汉以阉宦亡，而唐之中尉同之。”

王氏曰：“前车倾倒，后车改辙；若不择路而行，亦有倾覆之患。如吴王夫差宠西施、子胥谏不听，自刎于姑苏台下。子胥死后，越王兴兵破了，越国自平吴之后，迷于声色，不治国事；范蠡归湖，文种见杀。越国无贤，终被齐国所灭。与覆车同往，与亡国同事，必有倾覆之患。”

【解译】跟着前面翻覆的车辙走，最后也会翻覆；跟着失败的人学习，最后只能是失败。后人总结历史的经验，就是为了趋吉避凶，避免失败的发生，其所谓“前事不忘，后事之师”。

历史上因为废长而立幼，曾引发过无数次宫廷政变，三国时的袁绍和刘表之败，都与废长立幼有关。曹操的幼子曹植，从小就聪颖智慧，10 岁的时候，便诵读诗、文、辞赋数十万言，出言为论，下笔成章，深得曹操的宠爱。曹操曾经认为，在诸子中曹植“最可定大事”，曾想要立他为太子。有一天，曹操将事告诉了贾诩，想征求他的意见。可是贾诩就是不开口，最后被逼急了才说：“刚才我想到了其他一些人、一些事，比如说袁绍和刘表。”意思很明白：袁绍和刘表因为废长立年导致混乱，甚至灭亡，今天这个事就是“与覆车同轨者倾”。曹操是个聪明人，一听就懂，哈哈大笑起来，再也不提立曹植之事。

【原典】见已往，慎将来；恶其迹者，预避之。

注曰：“已失者，见而去之也；将失者，慎而消之也。恶其迹者，急履而恶，不若废履而无行。妄动而恶知，不若绌动而无为。”

王氏曰：“圣德明君，贤能之相，治国有道，天下安宁。昏乱之主，不修王道，便可寻思平日所行之事，善恶诚恐败了家国，速即宜先慎避。”

【解译】知道过去已经发生过了的不幸事故或者是错误，一旦发现类似的苗头出现，就应当慎之又慎，防止它再一次发生，将其消灭在萌芽状态；厌恶前人有过了的劣迹，就应当尽力避免重蹈覆辙。

每个时代在制度上都有创新，但更多地却是学习，向前人学习成功的经验，总结失败的教训。比如说，太监不得干政的规矩是明朝朱元璋时才有的，他规定“内臣不得干预政事，犯者斩”。并将这条规定置于宫门之中。为什么呢？太监是中国古代宫廷的异类，他们不男不女，是直接服务皇室的奴才。皇子们自小在宫廷长大，天天由太监服侍，日久天长，会在不知不觉中滋生亲近感、信任感。皇帝身边的太监，个个深谙皇帝好恶性情。他们接触大量机密，对于宫内事务了如指掌。因此，宦官干政，结果其实相当危险。

唐代是宦官干政比较多的朝代，玄宗朝仅五品以上宦官就有千余人，其中杨思勖做到从一品、封虢国公。高力士陪伴唐玄宗左右，实际地位高得惊人。诸王、公主称他为“阿翁”，连太子李亨都叫他“二兄”。结果有了安史之乱，唐由盛而转衰。

正是基于历史的经验，朱元璋才明令内臣不得干预政事。

【原典】畏危者安，畏亡者存。

王氏曰："得宠思辱，必无伤身之患；居安虑危，岂有累己之灾。恐家国危亡，重用忠良之士；疏远邪恶之徒，正法治乱，其国必存。"

【解译】知道惧怕危险的人，就能适当约束自己，时时保持警惕，确保自己不履险地；同理，知道畏惧死亡的人，就能活得更长久。

人想得到什么，必须敬畏它的反面，想得到健康，就必须敬畏死亡，想得到成功，就必须敬畏失败。敬畏之心是保全自己、成就事业的最大智慧。因为生活中的第一要务，并不是得到更多的东西，而是首先使自己处于安全、健康的境地，"死去元知万事空"。战争的第一要务也并不是消灭敌人，而是保全自己。

"百年企业"是每一个企业家的梦想，无数企业的出现与消失告诉了人们一个朴素的真理："活着才是硬道理！" 一时的成功许多人都可以做得到，但那就像是怒放的樱花，会随风而散，唯有百年基业才是大智慧！但如何才能打造一个"百年企业"呢？黄石公在总结了前人经验的基础上告诉了我们一个简单的道理："畏危者安，畏亡者存。"

【原典】夫人之所行，有道则吉，无道则凶。吉者百福所归，凶者百祸所攻。非其神圣，自然所钟。

注曰："有道者，非己求福，而福自归之；无道者，畏祸愈甚，而祸愈攻之。

岂有神圣为之主宰？乃自然之理也。”

王氏曰：“行善者，无行于已；为恶者，必伤其身。正心修身，诚信养德，谓之有道，万事吉昌。心无善政，身行其恶；不近忠良，亲谗喜佞，谓之无道，必有凶危之患。

为善从政，自然吉庆；为非行恶，必有危亡。祸福无门，人自所召；非为神圣所降，皆在人之善恶。”

【解译】一个人的行为只要合乎道义，符合自然规律，就会吉祥喜庆，否则凶险莫测。有道德的人，无心求福，福报自来；多行不义的人，有心避祸，祸从天降。一个人所得是凶是吉，非神非圣，乃自然的因果关系，祸福无门，惟人自召，世无地狱，人心所造。所以成败在谋，安危在德。

在中国历史上很少有一个家族世代富贵延续，所以有富贵不过三代之说。但孔子家族是一个例外。自从汉代“独尊儒术”以来，这个大家族世代受后人尊敬，多少次兵荒马乱、匪盗窃贼横行的乱世里，几乎没有人危及这个家族。为什么呢？原因就在“有道则吉，无道则凶”这句话。

【原典】务善策者无恶事，无远虑者有近忧。

王氏曰：“行善从政，必无恶事所侵；远虑深谋，岂有忧心之患。为善之人，肯行公正，不遭凶险之患。凡百事务思虑、远行，无恶亲近于身。

心意契合，然与共谋；志气相同，方能成名立事。如刘先主与关羽、张飞；心契相同，拒吴、敌魏，有定天下之心；汉灭三分，后为蜀川之主。”

【解译】孔子曾说："苟志于仁矣，无恶也。"意思是：如果你立志做一个仁爱之人，你就没有让人厌恶的坏毛病，更不会成为为非作歹的恶人。一个没有坏毛病的人，就很容易在社会中被人认同、接纳，活起来就比较自在，有什么好事大家都会想着你。所以做人要从"善"做起，心善念，行善行，为善举。历史上那些被传颂的人物，总有些突出的优点，比如像唐太宗这个人，胸怀宽广，能容下不同的政见，仅此一项，就被后人颂扬千年。

孔子说："人无远虑，必有近忧。"一个人如果没有长远的考虑，一定会有近在眼前的忧患。人们当前的许多忧患，其实都是因为在此之前没有很好计划造成的。成功的一个重要原因，就在于凡事从长计议，预先有所准备。

【原典】同志相得，同仁相忧。

注曰："舜有八元、八凯。汤则伊尹，孔子则颜回是也。文王之闳、散，微子之父师、少师，周旦之召公，管仲之鲍叔也。"

王氏曰："君子未进贤相怀忧，谗佞当权，忠臣死谏。如卫灵公失政，其国昏乱，不纳蘧伯玉苦谏，听信弥子瑕谗言，伯玉退隐闲居。子瑕得宠于朝上大夫，史鱼见子瑕谗佞而不能退，知伯玉忠良而不能进。君不从其谏，事不行其政，气病归家，遗子有言：'吾死之后，可尸于偏舍，灵公若至，必问其故，你可拜奏其言。'灵公果至，问何故停尸于此？其子奏曰：'先人遗言：见贤而不能进，如谗而不能退，何为人臣？生不能正其君，死不成其丧礼！’灵公闻言悔省，退子瑕，而用伯玉。此是同仁相忧，举善荐贤，匡君正国之道。”

【解译】作为社会群体的一部分，人与人之间的关系最为复杂，时而结成团伙，时而彼此仇怨，看似杂乱而无章，其实分离聚合皆有其因。《素书》论述了人际关系的因果，这是认识社会的宝贵经验。

志同道合的人，总是有共同的追求，使他们团结起来；仁爱之士，总是有相似的品质，使他们走到一起。

孔子在众多弟子中，可能喜欢颜回更多一些。为什么呢？因为颜回在生活经历与品德方面，与孔子有许多相似之处。他出身贫寒，自幼生活清苦，却能安贫乐道，不慕富贵；性格恬静，聪明过人，长于深思。孔子此生，坚持以身作则，凡是他提倡的东西，自己首先要做到。在这一点上，颜回也是如此。在做人上，他严格按照孔子关于“仁”“礼”的要求，“敏于事而慎于言”。在求学上，他坚守“不耻下问”的精神，用毕生精力“研之弥坚”，很符合孔子对学生的要求。所以孔子称赞颜回具有君子四德，即强于行义、弱于受谏、怵于待禄、慎于治身。

【原典】同恶相党。

注曰：“商纣之臣亿万，盗跖之徒九千是也。”

王氏曰：“如汉献帝昏懦，十常侍弄权，闭塞上下，以奸邪为心腹，用凶恶为朋党。不用贤臣，谋害良相；天下凶荒，英雄并起。曹操奸雄董卓谋乱，后终败亡。此是同恶为党，昏乱家国，丧亡天下。”

【解译】人们结成不同的团体，除了利益与追求相同外，更重要的是心性、品质相同。汉代灵帝时，有一群宦官结成了一个团伙，史称“十常侍”，其首领叫张让和赵忠。这伙人将小皇帝玩于股掌之上，以至灵帝都说“张常侍是我父，赵常侍是我母”。十常侍自已横征暴敛，卖官鬻爵，他们的父兄子弟遍布天下，横行乡里，祸害百姓，无官敢管。在历史上留下了恶名。

在三国中，人们对曹操有些非议，在京剧脸谱中总是将他画成白脸奸臣的样子，这其中可能就与曹操的家世有关。曹操的祖父叫曹腾，就是东汉末年宦官集团十常侍中的一员。后人痛恨十常侍，也就对曹操本人没有什么好印象。

【原典】同爱相求。

注曰：“爱利，则聚敛之臣求之；爱武，则谈兵之士求之。爱勇，则乐伤之士求之；爱仙，则方术之士求之；爱符瑞，则矫诬之士求之。凡有爱者，皆情之偏、性之蔽也。”

王氏曰：“如燕王好贤，筑黄金台，招聚英豪，用乐毅保全其国；隋炀帝爱色，建摘星楼宠萧妃，而丧其身。上有所好，下必从之；信用忠良，国必有治；亲近谗悟，败国亡身。此是同爱相求，行善为恶，成败必然之道。”

【解译】凡是人，心性所致，必有所爱，喜收藏者，自然会组成一个圈子。尤其是领导，他的个人喜好会影响一群人。当年秦始皇好神仙之术，总想着活得更长久些，于是找了一群方士就围在自己身边，要官给官，要钱给钱，想让他们搞出一个长生不老的仙药。结果钱花了无数，也没有搞出个长生不老的药。为了给自己开脱，这帮方士还到处说秦始皇的坏话。秦始皇一气之下搞了个“焚书坑儒”，将他们全杀了。

【原典】同美相妒。

注曰：“女则武后、韦庶人、萧良娣是也。男则赵高、李斯是也。”

【解译】两个美人站在一起，相互总是没有好心情，这就是人类的嫉妒心理。同行是冤家，同美也是冤家。历史上的“粉阵厮杀”是很残暴的。当年武则天得势之后，为了保住自己的地位，令人将萧淑妃、王皇后砍断了手脚，并泡在酒瓮中。

女人如此，男人也如此。三国时的周瑜，人长得风流，智慧也是很高的，在东吴不做第二人之想。没有想到，在联蜀抗曹时，却来了个诸葛亮，战略计谋，处处压他一头。周瑜嫉妒得要命，发出了“既生瑜，何生亮”的感叹，几次想加害，都没有成功，最后被诸葛亮三气之下要了命。

【原典】同智相谋。

注曰：“刘备、曹操、翟让、李密是也。”

【解译】人选择对手时，总是高看一眼，即会选择那些在智谋、决心、实力相等，或者稍高一些的人为对手，而不会选择那些不如自己的人。找到一个真正够资格的敌人，也可以说是智者最大的荣幸。

三国时刘备落魄曹营，有一次曹操请他喝酒，宴中谈起天下的英雄豪杰，刘备正在韬光养晦，故作无知状，东拉西扯。但曹操手指刘备说："天下英雄，唯使君与操耳。"刘玄德一听，吃了一惊，手中所执匙箸，不觉落于地下。因为刘备知道曹操的为人，这是将他视为未来的对手，肯定没有什么好结果。此时正值乌云四起，天雨将至，雷声大作。玄德乃从容拾起筷子说："一震之威，乃至于此！"

曹操没有把当时强大的袁术、刘表等放在眼里，而是将落魄的刘备作为潜在对手，确实有英雄惜英雄之意。

【原典】同贵相害。

注曰："势相轧也。"

王氏曰："同居官位，其掌朝纲，心志不和，递相谋害。"

【解译】权力具有严重的排他性，一山容不下二虎。所以，具有同等权势地位的人，永远都不能和谐相处，互相排挤，彼此倾轧，甚至是以死相拼。

杨秀清是太平天国的早期领导人，在定都南京之前，他一直掌握着军政大权，实际上他才是起义军前期的实际指挥者，曾指挥太平军成功地突围永安，攻克武昌、汉口、汉阳等重镇，战功显赫。然而定都南京之后，他自以为功劳很大，逼洪秀全封他为万岁。于是洪秀全密调与杨秀清有仇的韦昌辉率部入京，诛杀了杨秀清全家及部下两万多人，其后洪秀全又诛杀了韦昌辉一家，这就是典型的“同贵相害”。

【原典】同利相忌。

注曰：“害相刑也。”

【解译】两个不认识的人，为了抢一个苹果，会产生彼此憎恨的情绪。两个销售同类产品的商家，也会无意中产生憎恨的情绪。这并非他们前世的仇，而是利益使然。这就是“同利相忌”，忌的本意就是憎恨。

比如说市场上经常有家电行业的价格，几家企业竞相压低价格，为的是挤死对方，争取更大的市场份额。而凡是打价格战者，都是“同利”者，卖电视的永远和卖鞋的打不起架，因为他们不“同利”。企业如此，人生也是如此。

廉颇是赵国的上将军，战功很大，而蔺相如仅仅是宦官缪贤门下的“舍人”，正因为他持和氏璧出使秦国时，以其大智大勇，使“完璧归赵”，后来赵王竟拜他为上卿，地位远在廉颇之上，这使得廉颇很不高兴。他认为自己作为赵国的大将，有攻城野战，扩大疆土的大功，而地位低下的蔺相如只动动口舌却位高于我，叫人不能容忍，所以公然扬言要当众羞辱蔺相如。仅仅为了一点虚名，两人就要彼此倾轧，更别说是更大的利益了。

之畏危者安畏亡者存夫人之所行有道則吉無道則凶吉者百福所歸凶者百禍所攻非其神聖自然所鍾務善策者無惡事無遠慮者有

此二語復總收前段

近憂重可使守固不可使臨陣貪可使攻取不可使分陣廉可使守主不可使應機五者各隨其材而用之同志相得同仁相憂同惡相黨同愛相求同美相妒同智相謀同貴相害同利相忌同聲相應同氣相感同類相依同義相親同

【原典】同声相应，同气相感。

注曰：“五行、五气、五声散于万物，自然相感应。”

【解译】这是中国古人特有的思维，凡是自然界中可以相互发生作用的东西，总有相同的特质。所以中医认为，人的脾胃常湿热，那是因为脾属土，湿气总是喜欢往土里钻，这就是同气相感的缘故。看两个心性差别很大的人成了好朋友，仔细分析，他们总有极相似的地方。社会上的公司也是一样，凡是可以发展为合作伙伴的公司，在业务上总是相似的。

所以，天地间，五行内，凡是互相影响的事物，都有其本质的相似性。智慧的人，总是能抛开表面的差异性，把握各种事物之间内在的联系。

【原典】同类相依，同义相亲。

王氏曰：“圣德明君，必用贤能良相；无道之主，亲近谄佞谗臣；楚平王无道，信听费无忌，家国危乱。唐太宗圣明，喜闻魏征直谏，国治民安，君臣相和，其国无危，上下同心，其邦必正。”

【解译】同类型的事物，可以互相依存，自然界风和雨总是相伴而行，人世间成功与奋斗也相互依存。一个好领导的团队中总是有与他志向、品德相同的一伙人。唐太宗有容人之量，所以在贞观时期进谏之风大行。而人品相近的人，则最容易结为亲密的伙伴。晋代好清谈之风，故有竹林七贤之美。

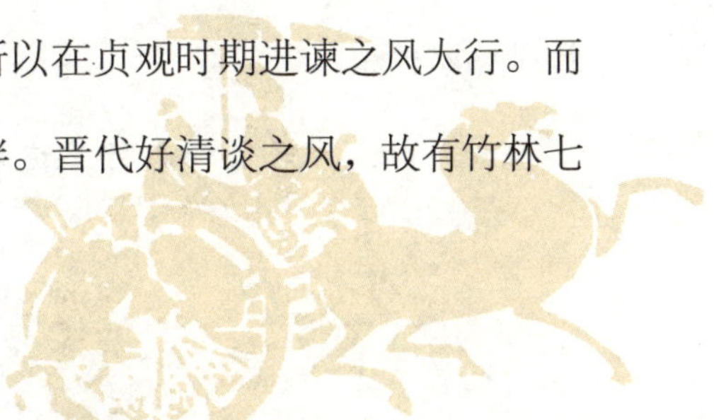

【原典】同难相济。

注曰："六国合纵而拒秦，诸葛通吴以敌魏。非有仁义存焉，特同难耳。"

王氏曰："强秦恃其威勇，而吞六国；六国合兵，以拒强秦；暴魏仗其奸雄，而并吴蜀，吴蜀同谋，以敌暴魏。此是同难相济，递互相应之道。"

【解译】处在困难中的人们，很容易相互理解，同舟共济，互相援救，以期共渡难关。无论是一个国家还是一个公司，都没有永远的敌人，只有永恒的利益。只要利益一致，矛盾的双方也能联合起来。抗日战争前，国共两党本来是敌对的双方，但当日本人打入中国以后，中国面临亡国的危险。在这种情况下，国共两党的共同利益就出现了，那就是把日本人赶出中国，于是有了联合抗战。战国末期，秦国独大，想吞并六国，那些相对弱小的国家只好联合起来，共同抗击强秦。

但同舟共济并不能消灭以前的矛盾，只是暂时的联合，是权宜之计，当共同的危险消除之后，原来的矛盾还会爆发。

【原典】同道相成。

注曰："汉承秦后，海内凋敝，萧何以清静涵养之。何将亡，念诸将俱喜功好动，不足以知治道。时，曹参在齐，尝治盖公、黄老之术，不务生事，故引参以代相。"

王氏曰："君臣一志行王道以安天下，上下同心施仁政以保其国。萧何相汉镇国，家给馈饷，使粮道不绝，汉之杰也。卧病将亡，汉帝亲至病所，问卿亡之后谁可为相？萧何曰：‘诸将喜功好勋俱不可，唯曹参一人而可。’萧何死后，惠皇拜曹参为相，大治天下。此是同道相成，辅君行政之道。”

【解译】一个事业的成功，秘诀就在于“同道相成”四个字，志同道合的人为了一个目标团结起来，再难的事业也能成就。

2005年7月，中国的分众传媒公司在美国纳斯达克上市，当天，分众传媒市值即达到8亿美元，江南春身价超过20亿元人民币。当初江南春创造分众传媒时是源于一个发现：“用无聊的时间来赚钱。”因为人们在电梯里等待的时间最是无聊，而此时恰恰是广告效果最好的时间。江南春抓住这个机会，用这个概念争取到了大量的风险投资，说服了维众创业投资集团有限公司董事局主席余蔚、携程总裁沈南鹏、新浪CEO曹国伟成了他的股东，迅速占领了上海高档写字楼的液晶电视广告市场。

事后分析起来，江南春成功的关键在于“风险投资”，如果没有大批的资金，他不会快速兼并同行企业，打造出一个上市的平台。而风险投资的注入就体现了“同道相成”的道理，大家共同看好这样一个事业，于是走到了一起，成就了一番事业。

【原典】同艺相窥。

注曰：“李镒之贼扁鹊，逢蒙之恶后羿是也。规者，非之也。”

王氏曰：“同于艺业者，相观其好歹；共于巧工者，以争其高低。巧业相同，彼我不伏，以相争胜。”

【解译】妒忌是人类的天性，自古文人相轻，武夫相薄，尤其是同行中的师兄弟，更是要争出个高低，有时甚至会演变成残酷的斗争。

中国神话中有一位天神叫后羿，是天上的神射手，天上十日并出时，他一口气射下了九个太阳，但也因此得罪了天帝，无法再上天做神仙了，只好留在了人间。后来他收了个徒弟，名叫逄蒙，后羿将一身的本事都传给了他。但人们对后羿太尊重了，逄蒙射艺再高也不会被人重视。妒忌心让逄蒙失去了理智，有天乘后羿不备，射杀了他。

秦国有位太医令名叫李谧，在当时也是一个名医，但名气却永远没有扁鹊那样高，这让他非常嫉妒，就在扁鹊巡诊到秦国的时候，他派人刺杀了扁鹊。

【原典】同巧相胜。

注曰：“公输子九攻，墨子九拒是也。”

【解译】凡是有相同智慧、相同实力、相同技艺的人，个个心高气傲，不肯轻易服人，总要一争短长。“胜”的意思就是互不相让，相互攀比。

许多动物都有种“同巧相胜”的习性。如果开车在大草原上遇见一群黄羊行进在同一个方向，不要担心错过观赏的时机，只要开足马力就行了，因为黄羊有个习性，就是要超过跑得很快的东西。马也有这个习性，在一群马中，只要有一匹开始奔跑，其他马也会奔跑起来，而且会越来越快。

人有时也是一样的，都有“攀比”心理，武侠小说中常有人无缘无故找人比武，就是出于这种心理。攀比之风自古有之，本不足怪。有些攀比是有意义的，牛根生从伊利集团脱身而出，创建了蒙牛集团，对做大做强中国乳品业有相互促进的作用。但有些攀比就毫无意义，西晋时的王恺和石崇，为了炫耀自家的奇珍异宝，也曾发生过一场令人咋舌的攀比斗富游戏，一桌饭十万钱，竟说没有下筷子的地方。

凡是“相胜”者，大者结仇，小者结怨，最重要的是，这种行为会毒害一个人的心灵，使我们时时处于一种不快乐当中。比如说，我们越来越富，但是却体会不到幸福，那是为什么呢？部分原因是，我们总拿自己与那些物质条件更好的人相比。同样的道理，我们拥有多大的房子，并不取决于实际的需要，主要取决于邻居、朋友拥有多大的住房，如果朋友的住房小，那我们也不需要太大的住房。

【原典】此乃数之所得，不可与理违。

注曰：“自‘同志’下皆所行，所可预知。智者，知其如此，顺理则行之，逆理则违之。”

王氏曰：“齐家治国之理，纲常礼乐之道，可于贤明之前请问其礼；听问之后，常记于心，思虑而行。离道者非圣，违理者不贤。”

【解译】上述种种现象，有顺有逆，有好有坏，都是客观存在的，要么是自然规律，要么是人性使然。如何来把握呢？其实就四个字“顺其自然”，可疏可导，但不可违逆。

许多人做事总是在强调“我想怎么样”，可很少考虑“我能怎么样”。其实回头看一看那些成功的事业，都是顺势而为的结果。比如说在股票市场，凡是赚了钱的人，总是顺应大局的变化，在上升通道中买入，在下行通道中卖出。如果本来大势是向下的，跌跌不休，可有人非要做“多头敢死队”，结果是可以想象到的。

洪水袭来之时，最不可取的做法是迎头堵住，水涨一尺，堤高一丈，这是逆天而行，注定是要失败的。最聪明的办法是顺其水势，疏而导之，使之为害不深。

智慧的人也要像“治水”一样，凡是符合天理人道的事，就要顺其势而广行之，培根固本，使它发扬光大。凡是不符合天理人道的事，也不要想着消灭它，而是要顺其势改造它，疏而导之，大害化小害，小害化无害。假如这些都做不到，那也不能随波逐流，与世沉浮，最好是全身而退，潜居抱道，以待来时。

【原典】释己以教人者逆，正己以化人者顺。

注曰：“教者以言，化者以道。老子曰：‘法令滋彰，盗贼多有。’教之逆者也。‘我无为，而民自化；我无欲，而民自朴。’化之顺者也。”

王氏曰：“心量不宽，见责人之小过；身不能修，不知己之非为，自己不能修政，教人行政，人心不伏，心养道，正己修德。然后可以教人为善，自然理顺事明，必能成名立事。”

【解译】手握道德主义手电筒，只照别人不照自己，只要求别人而从不要求自己的人，没有人会听他的，这就叫逆；如果自己以身作则，凡是要求别人的，自己都能首先做到，做事公正无私，这样的人天下都会敬从，这就叫顺。

领导的所作所为，其实就是一面镜子，它不光照见领导者的品行，也会照出整个团队的风貌。隋朝末年杨玄感起兵造反，几乎每战必胜，为什么呢？《资治通鉴》说出了其中的道理：“玄感每战，身先士卒，所向摧陷。”凡是能让将士效死命者，都是这种“身先士卒”的人。1883 年，法军从越南边境进攻中国，老将冯子材奉命率军驻守镇南关，面对装备精良的法军，冯子材一点也不畏惧，积极备战，誓与镇南关共存亡，将士们深受感动，个个英勇作战。冯子材更是身先士卒，与法军进行肉搏战，最终打败了法军。

所以老子说：“法令滋彰，盗贼多有。”如果领导不能“正已以化人”“身先士卒”，光靠颁布众多法令来统治，那么违法作乱的人是杀不完的，最终没有不灭亡的。

【原典】逆者难从，顺者易行； 难从则乱，易行则理。

注曰：“天地之道，简易而已；圣人之道，简易而已。顺日月，而昼夜之；顺阴阳，而生杀之；顺山川，而高下之；此天地之简易也。

顺夷狄而外之，顺中国而内之；顺君子而爵之，顺小人而役之；顺善恶而赏罚之。顺九土之宜，而赋敛之；顺人伦，而序之；此圣人之简易也。

夫乌获非不力也，执牛之尾而使之却行，则终日不能步寻丈；及以环桑之枝贯其鼻，三尺之绳縻其颈，童子服之，风于大泽，无所不至者，盖其势顺也。”

王氏曰：“治国安民，理顺则易行；掌法从权，事逆则难就。理事顺便，处事易行；法度相逆，不能成就。”

【解译】不顺从领导的属下，最难统领，更别提成就事业了，因为这些人极易发生变乱；而认同领导的属下最易管理，上下一心，事业容易成功。

人如果没有统一的思想，就是一盘散沙，很难聚拢在一起，任何事业都做不成，如有风吹草动，则一哄而散。历史上有个淝水之战，当时前秦的苻坚统兵120万进攻东晋，但前秦的内部意见不统一，许多人并不想打仗，人虽多其实是乌合之众，遇到东晋5万兵马，就一哄而散。这就是“逆者难从”“难从则乱”的道理。

人如果认同了一个目标，就很容易团结在一起，形成一股合力，再困难的事业也能成就。当年毛泽东上井冈山之时，兵不过数千，将不过几员，但这些人却有个共同的理想。面对强大的国民党军队，却能以少胜多，第一次反围剿，红军4万对国民党10万，第二次反围剿3万对20万，第三次反围剿3万对30万，第四次反围剿7万对40万。

天下没有办不成的事，就看方法对不对。古代有个大力士，名叫乌获，他拉着牛尾倒行，一天也走不出一丈远，为什么呢？因为他始终跟牛较着劲。

但如果让一个小孩用桑木做成的圆环穿在牛鼻子上，牛就会顺从地跟着小孩走。因为这个小孩是顺势而为。

所以，凡事皆有顺逆之情，顺其情则事简单易成，逆其情则事困难无成，理顺则事顺，理逆则事逆。

【原典】详礼而行，理身、理家、理国，可也。

注曰："小大不同，其理则一。"

王氏曰:"详明时务得失，当隐则隐;体察事理逆顺，可行则行;理明得失，必知去就之道。数审成败，能识进退之机;从理为政，身无祸患。体学贤明，保终吉矣。"

【解译】本书所述的这些道理，表现方式各不相同，但其根本原理是相同的。这些道理虽然并不深奥，却是千百年来无数人的经验总结，是至理名言。今天的人们，如果能细心体会其中的精妙之处，并且身体力行，那么无论是修身、齐家、治国，还是创办公司，都可以用得上，而且无往而不胜。

難相濟同道相成同藝相覸同巧相勝此乃數之所得不可與理違釋已以教人者逆正已以化人者順逆者難從順者易行難從則亂易行則理詳體而行理身理家理國可也

此章見理身理家理國必須豫爲圖維故援理以決之援數以明之總見道德仁義禮爲爲人之本爲治家治國之要反覆申詳得失之理治亂之形與夫用兵之要罔不備具矣

《黄石公传》

（明）慎懋赏 撰

黄石公者，吾不知其何如人，亦不知其所自始。但闻秦始皇时，天下方清夷无事，群黎束手听命，斩木揭竿之变未纤尘萌也，韩国复仇男子张良，策壮士阴袭之，万夫在护不支，大索十日不得，其目中已无秦，谓旦夕枭政首挂太白而快也。

【译文】黄石公这个人，我不知道他是谁，是从哪里来的。只是听说在秦始皇的时候，天下刚刚太平无事，老百姓都俯首听命，揭竿而起的造反之事还没有丝毫的苗头。有一位韩国男子名叫张良，誓报秦灭韩的大仇，于是策划了一次袭击秦始皇的事件，但因为护卫太多，没有成功。秦朝搜索了十天都没有找到他。此时的张良目中已无秦朝，只想着将秦始皇的头割下来挂在太白旗上。

游下邳圯上，徘徊四顾，凌轹宇宙，即英雄豪杰孰有如秦皇帝者，秦皇帝不畏而畏人耶？俄尔，一老父至良所，堕履圯下，顾谓良曰："孺子下取履。"良愕然，为其老，强忍下取履，跪进。老父以足受之，良大惊。老父去里许，还曰："孺子可教矣。后五日平明与我期此。"良怪之，曰："诺。"

【译文】张良浪迹到下邳的一座桥上，他徘徊四顾，一股豪气油然而生，天底下的英雄豪杰有超过秦始皇的吗？他连秦始皇都不怕，还会怕谁？此刻，有一老者来到桥上，故意将鞋扔到了桥下，看见张良说："小子，把鞋给我取回来。”张良感到很意外，但考虑他是位老人，强忍着不快将鞋取回，又跪着递给老人，可老人却伸出脚让张良给他穿上，让张良更感意外。老人走了一里多地又折了回来，对张良说：“你这小子还可以教育。五天以后的清晨在这里等我。”张良说：“好。”

五日平明往，老父已先在，怒曰：“与老人期，后，何也？去，后五日早会。”良鸡鸣而往，老父又先在，复怒曰：“后，何也？去，后五日复早来。”良乃夜半往，有顷，老人来，喜曰：“孺子当如此。”乃出一编曰：“读是则为王者师，后十三年，子求我与济北谷城山下。”遂去，不复见。

【译文】第五天清晨，张良前往约好的地点，但老人已在那里等候。老人非常生气地说：“与老人约会而姗姗来迟，这是什么道理？你且回去，再过五天还在这里相约，你可要早些来。”到了那一天，张良鸡鸣时就去了，可还是晚了。老人生气地让他再过五天再来。五天后，张良半夜就到了那里，过了一会儿，老人也到了，见到张良高兴地说：“年轻人就应该如此。”说罢递给张良一卷书说：“读了它可以成为帝王的老师。十三年以后，你到济北的谷城山下来见我。”说完就走了，张良再也没有见过他。

旦视其书，乃太公兵法。良奇之，因诵习以说他人，皆不能用。以说沛公，辄有功。由是解鸿门厄，销六国印，击疲楚，都长安，有以天下。其自为谋，则起布衣、复韩仇、为帝师，且当其身免诛夷诏狱之惨。

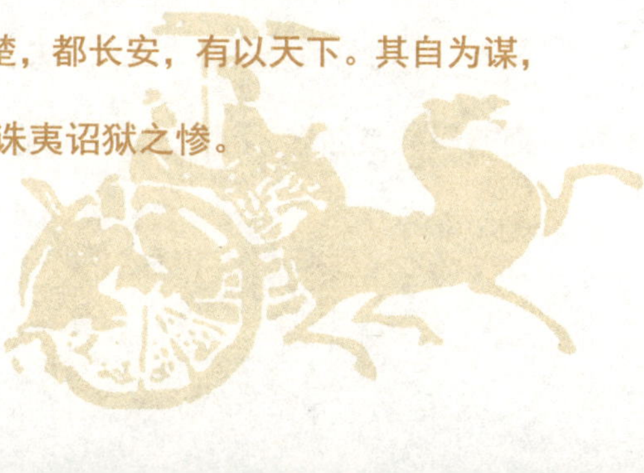

【译文】等天亮后张良读此书才发现，这是一部太公兵法（其实是《素书》），内容精深奥妙，确实是部奇书。张良反复学习，自认为已精通了此书，于是就去游说他人，没想到别人都不用他。后来又游说刘邦，终于成功了。由此开始，他帮助刘邦解脱鸿门宴之厄运，说服刘邦销毁了六国之印，打败疲惫的西楚霸王，定都长安，建立起了西汉王朝。本书的智慧也使他自己获得了莫大的好处，以布衣而位居王侯，推翻了秦王朝报了韩国的大仇，并且当上了帝王的老师，不但如此，他还使自己避免了像韩信那样被诛杀的惨剧。

后十三年，过谷城山，无所见，乃取道旁黄石葆而祠之，及良死，并藏焉，示不忘故也，故曰“黄石公”。

【译文】十三年以后，张良特意到过谷城山，但却没有见到这位老者。于是他取了道路旁边的一块黄石头，拿回家供奉起来。等到张良死后，家人将此石与他一同埋藏，以表示没有忘记故人。后人就将这位老人称为“黄石公”。

呜呼！良之所遇奇矣！或曰：老人神也！愚则曰：此老氏者流，假手与人，以快其诛秦灭项之志而已，安享其逸者也。聃之言曰：善摄生者无死地。又曰：代司杀者，是谓大匠斫，夫代大匠斫，希有不伤手矣。此固巧于避斩杀，而善于掠荣名者，是以知其非神人也。

【译文】张良真是有奇遇啊！有的人说：这位老人是神仙。而我却认为，这位老人其实就是老聃（老子）一样的人，他不过是假手于人，以实现自己推翻秦王朝、诛灭项羽的目的而已，而自己却躲到后面，逍遥安逸。老子曾说："善于保护自己的人，永远不涉险地。"他又说：凡杀人者，就像是木匠砍大木，很少有不伤到自己的时候。这位老人的做法，只是为了避免危险，而又能从中获得荣誉。以此来看，他并不是神仙。

苏轼之言曰："张良出荆轲聂政之计，以侥幸于不死，老人深惜之，故出而教之。"夫爱赤子者，为之避险绝危。老人之于张良，尝试之秦项戈矛之中，而肩迹于韩彭杀戮之际。如是而谓之爱也奚可哉？

【译文】宋代苏轼曾这样解释说："张良无奈之下做出了与荆轲、聂政一样刺杀秦始皇的事情，但侥幸没有死，这位老人很是为他惋惜，所以才出面教导他。"但我以为，真正爱护后辈的，是让他们避开任何凶险。而这位老人却教育张良冲入秦朝、项羽的戈矛之中，在韩信或者彭越的杀阵中立取功名，这怎么能说是爱护张良呢？

素書考

宋張商英輯

按黃石公三畧三卷。兵書三卷。三奇法一卷。陰謀軍秘一卷。五壘圖一卷。内記敵法一卷。秘經一卷。張良經一卷。素書六編。前漢列傳黃石公。圯上所授素書。以三畧爲是。葢傳聞之誤也。晉亂盜發子房塚。於玉枕中獲此書。凡一千三百言。上有秘戒云。

《黄石公素书考》

(宋)张商英　辑

按《黄石公三略》三卷、《兵书》三卷、《三奇法》一卷、《阴谋军秘》一卷、《五垒图》一卷、《内记敌法》一卷、《秘经》一卷、《张良经》一卷、《素书》六编。

《前汉列传》黄石公圯上所授《素书》，以《三略》为是，盖传闻之误也。晋乱，盗发子房冢，于玉枕中获此《书》，凡一千三百言，上有秘戒云。

《四库全书·素书提要》

《素书》一帙，盖秦隐士黄石公之所传，汉留侯子房之所受者。词简意深，未易测识，宋臣张商英叙之详矣，乃谓为不传之秘书。呜呼！凡一言之善，一行之长，尚可以垂范于人而不能秘，是《书》黄石公秘焉。得子房而后传之，子房独知而能用，宝而殉葬；然犹在人间，亦岂得而秘之耶！

予承乏常德府事政，暇取而披阅之。味其言率，明而不晦；切而不迂，淡而不僻；多中事机之会，有益人世。是又不可概以游说之学，纵横之术例之也。但旧板刊行已久，字多模糊，用是捐俸余翻刻，以广其传，与四方君子共之。

弘治戊午岁夏四月初吉蒲阴张官识